粽燁文化

曹永忠、許智誠、蔡英德　著

Arduino 雙軸直流馬達控制

Two Axis DC-Motors Control Based on the Printer by Arduino Technology

自序

記得自己在大學資訊工程系修習電子電路實驗的時候，自己對於設計與製作電路板是一點興趣也沒有，然後又沒有天分，所以那是苦不堪言的一堂課，還好當年有我同組的好同學，努力的照顧我，命令我做這做那，我不會的他就自己做，如此讓我解決了資工系課程中，我最不會的課。

當時資工系如此設計電子電路實驗給應該大多數都是專攻軟體的學生去修習時，系上的用意應該是要大家軟硬兼修，尤其是在台灣這個大部分是硬體為主的土地，但是對於一個原本專修軟體，對硬體沒有概念，或是對於許多機械機構與機電原理不太有概念的人，在理解現代的許多機電整合裝置都會有很多的困擾，因為懂軟體程式的人，不一定能很容易就懂機電設計與機電跟軟體的整合。懂得機電的人，也不一定知道軟體該如何運作，不同的機電環境或是軟體環境常常都會有不同的解決法。所以除非您很有各方面的天賦，或是在學校有遇到名師，否則通常不太容易能在機電機構與軟體整合這方面自修與入手。

而自從有了 Arduino 這個平台後，筆者上述的困擾就大部分迎刃而解了，因為 Arduino 這個平台讓你可以以不變應萬變，用一個一致性的平台，來做很多機電機構設計與軟體整合，這真是一個機械，電機，資訊，資工等方面入手之人一個很大的福音，尤其在現代創意掛帥的年代，能夠自己將想到的特殊機電設備由 idea 做到好，如果自己能夠比較容易的完全了解與能夠自己做出其中的大部分，整個過程的經濟上與思維上的收穫與欣喜必定是很多的。

而 Arduino 這個好用平台引進台灣自今，並沒有一些好的解說書籍，尤其是能夠從頭到尾，利用範例與理論解釋並重，完完整整的解說如何用 Arduino 設計出好用的機電整合產品，如此的書籍更是付之闕如。曹博士、蔡博士與敝人計畫製作 Arduino 設計實例解說系列，就是本於這樣對市場需要的觀察，寫出這樣的書籍。所以希望所有的讀者能夠享受與珍惜這個完整的修習經驗，由利用 Arduino

做出不同的產品過程，得到許多許多知識與經驗上的啟發。另外本書的撰寫方式會讓您體會到許多更複雜的機電設計、機電跟軟體的整合其實都可以 follow 本書的寫作與理解流程，能讓讀者由淺入深，達到真正宛如愛迪生當年透過自修而發明許多有用之物的些許情境。這就是我們作者對這本書的深切期許。

許智誠　　於中壢雙連坡中央大學　2013

自序

隨著資通技術(ICT)的進步與普及，資料變得不僅取得方便也傳播快速。然而，在網路搜尋到的資料越來越巨量，您或許正煩惱如何將資料篩選出正確的資訊，進而萃取出您要的知識？如何獲得同時具廣度與深度的知識？如何一次就獲得最正確的知識？

為了解決這些困惱大家的問題，曹博士、許博士與敝人計畫製作一系列「知識速成」書籍來傳遞具廣度與深度的專業知識，由具專業背景的作者來撰寫，希望讀者能利用這些書籍迅速掌握正確知識。首先規劃介紹 ICT 的「知識速成」書籍，內容將包含技術應用面及運作原理面。

本書主要介紹以廢棄不用的噴墨列表機，拆解之後，對其進紙與噴墨頭雙軸機構，透過 Arduino 進行控制馬達的實作。Arduino 是近來相當受到重視的單晶片控制裝置，除了可用來控制電子設備外，許多玩家也利用 Arduino 成功玩出一些具創意的互動設計與數位藝術。由於 Arduino 的使用簡單，許多專業系所及學校社團都推出課程與工作坊來學習與推廣。

以往介紹 ICT 技術的書籍大都只介紹實作的結果，列出程式碼，但並沒有多解釋運作的原理與理由，看完後仍無法輕易地轉移經驗至其他實作上。本書是能完全自修的書，讀完後不僅能依據書本的實作說明準備材料來製作，盡情享受 DIY(Do It Yourself)的樂趣，還能了解其原理並推展至其他應用。有興趣的讀者可再利用書後的參考文獻繼續研讀相關資料。

本書的發行有新的創舉，就是以電子書型式發行，在國家圖書館、國立公共資訊圖書館與許多電子書網路商城都可以下載與閱讀。希望讀者能珍惜機會閱讀及學習，繼續將知識與資訊傳播出去，讓有興趣的眾人都受益。希望這個拋磚引玉的舉動能讓更多人響應與跟進，一起共襄盛舉。

本書可能還有不盡完美之處，非常歡迎您的指教與建議。近期還將推出其他Arduino 相關應用與實作的書籍，敬請期待。

最後，請您立馬行動翻書閱讀。

蔡英德 於台中沙鹿靜宜大學 2013

目 錄

知識速成系列

科技發達今日，資訊科技日新月異，許多資訊科技相關的科技人，在十倍速的時代中，每天被壓力擠壓著生活品質，為了追逐最新的科技與技術，不惜焚膏繼晷日夜追趕，只怕追趕不上，就被科技洪流所淘汰，造成許多年輕的科技菁英不到老年，個個都是一高、二高、甚至三高皆有，嚴重的甚至過勞死，對於社會造成人才的損失。

隨著綠色革命，是否在這知識經濟時代，也該有個知識的綠色革命。本系『知識速成系列』由此概念而生，面對越來越多的知識學子，為了追趕最新的技術潮流，往往沒有往下紮根，去了解許多技術背後所必須醞釀的基礎知識，追求到許多最新的技術邊緣，往往忘記了如果沒有配套的科技知識基礎，所學到的科技知識，在失去這些科技基礎的資源支持之下，往往無法產生實際生產效力。

例如：許多學習程式設計的學子，為了最新的科技潮流，使用著最新的科技工具與軟體元件，當他們面對許多原有的軟體元件沒有支持的需求或該軟體架構下沒有直接支持的開發工具，此時就會產生莫大的開發瓶頸，這些都是為了追求最新的科技技術而忘卻了學習原有科技基礎訓練所致。

筆著鑒於這樣的困境，思考著『如何轉化眾人技術為我的知識』的概念，如果我們可以透過拆解原有的完整產品，進而了解原有產品的機構運作原理與方法，並嘗試著將原有產品進行拆解、改造、升級、置換原有控制核心…等方式，學習到並運用其他技術或新技術來開發原有的產品，或許可以讓這些辛苦追求新技術的學子，在學習技術當時，可以了解所面對的技術中，如何研發與製造對應技術的相關產品，相信這樣的學習方式，會比起在已建構好的『開發模組』或『學習套件』中學習某個新技術或原理，來的更踏實的多。

目前許多學子在學習程式設計之時，恐怕最不能了解的問題是，我為何要寫九九乘法表、為何要寫遞迴程式，為何要寫成函式型式…等等疑問，只因為在學校的學子，學習程式是為了可以了解『撰寫程式』的邏輯，並訓練且建立如何運用程式邏輯的能力，解譯現實中面對的問題。然而現實中的問題往往太過於複雜，在校授課的老師無法有多餘的時間與資源去解釋現實中複雜問題，期望能將現實中複雜問題淬鍊成邏輯上的思路，加以訓練學生其解題思路，但是眾多學子宥於現實問題的困惑，無法單純用純粹的解題思路來進行學習與訓練，反而以現實中的複雜來反駁老師教學太過學理，沒有實務上的應用為由，拒絕深入學習，這樣的情形，反而自己造成了學習上的障礙。

本系列的書籍，針對目前學習上的盲點，希望透過現有產品的產品解析，透過簡單產品的拆解，以逆向工程的手法，將目前已有產品拆解之後，將核心控制系統之軟硬體，透過簡單易學的 Arduino 開發板與 C 語言，重新設計出原有產品之核心控制系統，進而改進、加強、升級其控制方法。如此一來，因為學子們已經對原有產品有深入了解，在進行『重製核心控制系統』過程之中，可以很有把握的了解自己正在進行什麼，而非針對許多邏輯化的需求進行開發。

即使在進行中，許多需求也多轉化成邏輯化的需求，學子們仍然可以了解這些邏輯化的需求背後的實務需求，對於學習過程之中，因為實務需求導引著開發過程，可以讓學子們讓邏輯化思考與實務產出產生關連，如此可以一掃過去陰霾，更踏實的進行學習。

這本書以學子常見的列表機為主要開發標的，多年以來，電腦盛行，列表機為最普遍的電腦周邊，本書使用廢棄不用的噴墨列表機，拆解之後，對其進紙與噴墨頭雙軸機構，透過 Arduino 進行控制馬達的實作，相信對『雙軸馬達』的控制有深入的介紹與製作，所以本書要以『列表機』為實驗主體，用這樣的產品來進行雙軸馬達的控制開發，相信學子們應該不陌生，由於透過這樣產品進行學習，相信可以更加了解其產品內涵與本質，在整個研發過程會更加心領神會。

1 CHAPTER

Arduino 的開始

Arduino 的開始

Arduino 起源

Massimo Banzi 之前是義大利 Ivrea 一家高科技設計學校的老師，他的學生們經常抱怨找不到便宜好用的微處理機控制器。西元 2005 年， Massimo Banzi 跟 David Cuartielles 討論了這個問題，David Cuartielles 是一個西班牙籍晶片工程師，當時是這所學校的訪問學者。兩人討論之後，決定自己設計電路板，並引入了 Banzi 的學生 David Mellis 為電路板設計開發用的語言。兩天以後，David Mellis 就寫出了程式碼。又過了幾天，電路板就完工了。於是他們將這塊電路板命名為『Arduino』。

當初 Arduino 設計的觀點，就是希望針對『不懂電腦語言的族群』，也能用 Arduino 做出很酷的東西，例如：對感測器作出回應、閃爍燈光、控制馬達…等等。

隨後 Banzi，Cuartielles，和 Mellis 把設計圖放到了網際網路上。他們保持設計的開放源碼(Open Source)理念，因為版權法可以監管開放原始碼軟體，卻很難用在硬體上，他們決定採用創用 CC 許可(Creative_Commons, 2013)。

創用 CC(Creative_Commons, 2013)是為保護開放版權行為而出現的類似 GPL[1] 的一種許可(license)，來自於自由軟體[2]基金會 (Free Software Foundation) 的 GNU 通用公共授權條款 (GNU GPL)：在創用 CC 許可下，任何人都被允許生產電路板的複製品，且還能重新設計，甚至銷售原設計的複製品。你還不需要付版稅，甚

[1] GNU 通用公眾授權條款（英語：GNU General Public License，簡稱 GNU GPL 或 GPL），是一個廣泛被使用的自由軟體授權條款，最初由理察·斯托曼為 GNU 計劃而撰寫。

[2] 「自由軟體」指尊重使用者及社群自由的軟體。簡單來說使用者可以自由運行、複製、發佈、學習、修改及改良軟體。他們有操控軟體用途的權利。

至不用取得 Arduino 團隊的許可。

然而，如果你重新散佈了引用設計，你必須在其產品中註解說明原始 Arduino 團隊的貢獻。如果你調整或改動了電路板，你的最新設計必須使用相同或類似的創用 CC 許可，以保證新版本的 Arduino 電路板也會一樣的自由和開放。

唯一被保留的只有 Arduino 這個名字：『Arduino』已被註冊成了商標[3]『Arduino®』。如果有人想用這個名字賣電路板，那他們可能必須付一點商標費用給 『Arduino®』 (Arduino, 2013)的核心開發團隊成員。

『Arduino®』的核心開發團隊成員包括：Massimo Banzi，David Cuartielles，Tom Igoe，Gianluca Martino，David Mellis 和 Nicholas Zambetti。(Arduino, 2013)，若讀者有任何不懂 Arduino 的地方，都可以訪問 Arduino 官方網站：http://www.arduino.cc/

『Arduino®』，是一個開放原始碼的單晶片控制器，它使用了 Atmel AVR 單晶片 (Atmel_Corporation, 2013)，採用了基於開放原始碼的軟硬體平台，構建於開放原始碼 Simple I/O 介面版，並且具有使用類似 Java，C 語言的 Processing[4]/Wiring 開發環境(Reas, 2013, Reas and Fry, 2007, Reas and Fry, 2010)。Processing 由 MIT 媒體實驗室美學與計算小組(Aesthetics & Computation Group)的 Ben Fry(http://benfry.com/)和 Casey Reas 發明，Processing 已經有許多的 Open Source 的社群所提倡，對資訊科技的發展是一個非常大的貢獻。

讓您可以快速使用 Arduino 語言作出互動作品，Arduino 可以使用開發完成

---

[3] 商標註冊人享有商標的專用權，也有權許可他人使用商標以獲取報酬。各國對商標權的保護期限長短不一，但期滿之後，只要另外繳付費用，即可對商標予以續展，次數不限。

[4] Processing 是一個 Open Source 的程式語言及開發環境，提供給那些想要對影像、動畫、聲音進行程式處理的工作者。此外，學生、藝術家、設計師、建築師、研究員以及有興趣的人，也可以用來學習，開發原型及製作

的電子元件：例如 Switch、感測器、其他控制器件、LED、步進馬達、其他輸出裝置…等。Arduino 開發 IDE 介面基於開放原始碼，可以讓您免費下載使用，開發出更多令人驚豔的互動作品(Banzi, 2009) 。

Arduino 特色

- 開放原始碼的電路圖設計，程式開發介面
- http://www.arduino.cc/免費下載，也可依需求自己修改!!
- Arduino 可使用 ISCP 線上燒入器，自我將新的 IC 晶片燒入「bootloader」(http://arduino.cc/en/Hacking/Bootloader?from=Main.Bootloader) 。
- 可依據官方電路圖(http://www.arduino.cc/)，簡化 Arduino 模組，完成獨立運作的微處理控制
- 感測器可簡單連接各式各樣的電子元件 (紅外線,超音波,熱敏電阻,光敏電阻,伺服馬達,…等)
- 支援多樣的互動程式
- 使用低價格的微處理控制器(ATMEGA8-16)
- USB 介面，不需外接電源。另外有提供 9VDC 輸入
- 應用方面，利用 Arduino，突破以往只能使用滑鼠，鍵盤，CCD 等輸入的裝置的互動內容，可以更簡單地達成單人或多人遊戲互動

Arduino 硬體種類簡介

Duemilanove

- 主要溝通介面:USB
- 核心: ATMEGA328
- 自動判斷並選擇供電方式（USB/外部供電）
- 產品規格：

- 控制器核心：ATmega328
- 控制電壓：5V
- 建議輸入電(recommended)：7-12 V
- 最大輸入電壓 (limits)：6-20 V
- 數位 I/O Pins：14 (of which 6 provide PWM output)
- 類比輸入 Pins：6 組
- DC Current per I/O Pin：40 mA
- DC Current for 3.3V Pin：50 mA
- Flash Memory：32 KB (of which 2 KB used by bootloader)
- SRAM：2 KB
- EEPROM：1 KB
- Clock Speed：16 MHz

具有 bootloader[5]能夠燒入程式而不需經過其他外部電路。此版本設計了『自動回復保險絲[6]』，在 Arduino 開發板搭載太多的設備或電路短路時能有效保護 Arduino 開發板的 USB 通訊埠，同時也保護了您的電腦，並且故障排除後能自動恢復正常。

---

[5] 啟動程式（英語：boot loader，也稱啟動載入器，引導程式）位於電腦或其他計算機應用上，是指引導操作系統啟動的程式。

[6]自恢復保險絲是一種過流電子保護元件，採用高分子有機聚合物在高壓、高溫，硫化反應的條件下，攙加導電粒子材料後，經過特殊的工藝加工而成。在習慣上把 PPTC(PolyerPositiveTemperature Coefficent)也叫自恢復保險絲。嚴格意義講：PPTC 不是自恢復保險絲，ResettableFuse 才是自恢復保險絲。

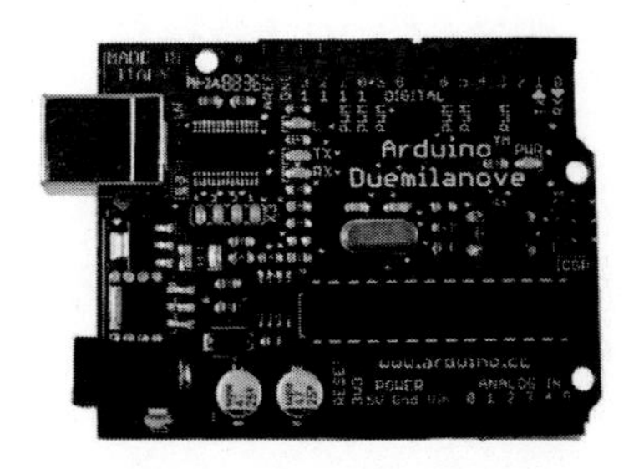

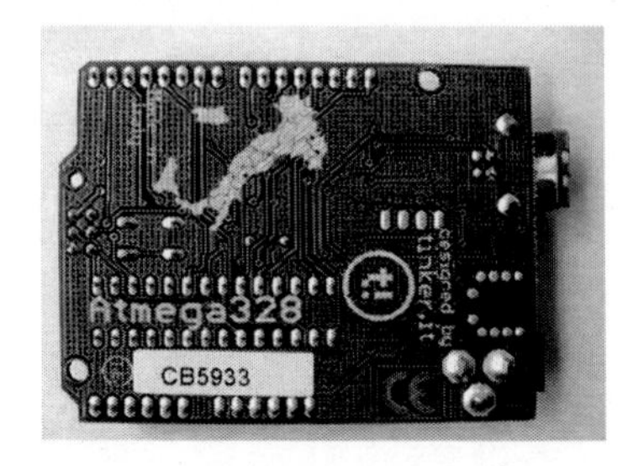

圖 1 Arduino Duemilanove 開發板外觀圖

UNO

使用 ATMega 8U2 來當作 USB-對序列通訊，並多了一組 ICSP 給 MEGA8U2 使用：未來使用者可以自行撰寫內部的程式~ 也因為捨棄 FTDI USB 晶片~ Arduino 開發板需要多一顆穩壓 IC 來提供 3.3V 的電源。

- 控制器核心：ATmega328
- 控制電壓：5V
- 建議輸入電(recommended)：7-12 V
- 最大輸入電壓 (limits)：6-20 V
- 數位 I/O Pins：14 (of which 6 provide PWM output)
- 類比輸入 Pins：6 組
- DC Current per I/O Pin：40 mA
- DC Current for 3.3V Pin：50 mA
- Flash Memory：32 KB (of which 0.5 KB used by bootloader)
- SRAM：2 KB
- EEPROM：1 KB
- Clock Speed：16 MHz

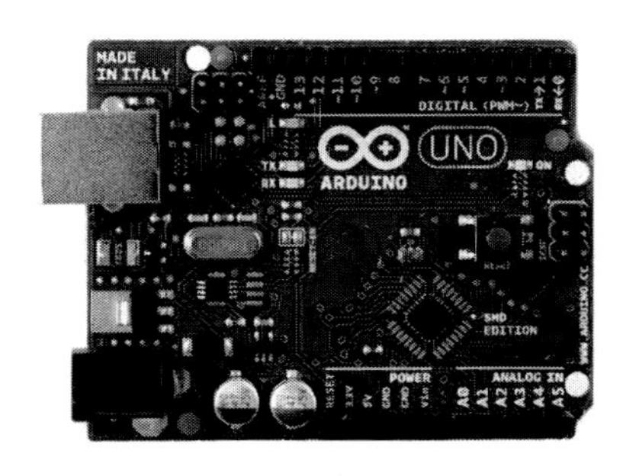

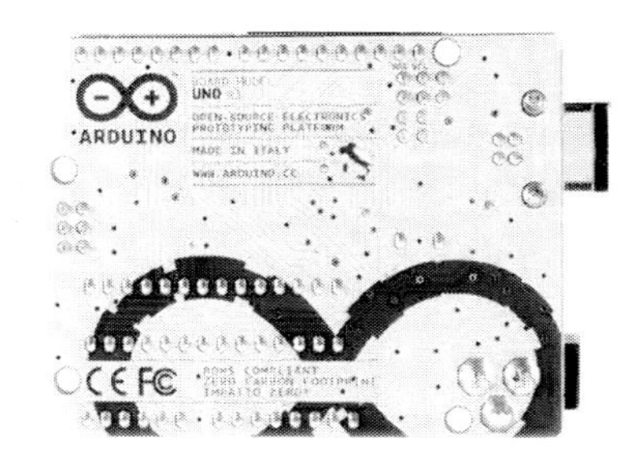

圖 2 Arduino UNO 開發板外觀圖

MEGA2560

可以說是 Arduino 巨大版：

- 控制器核心：ATmega2560
- 控制電壓：5V
- 建議輸入電(recommended)：7-12 V
- 最大輸入電壓 (limits)：6-20 V
- 數位 I/O Pins：54 (of which 14 provide PWM output)
- UART:4 組
- 類比輸入 Pins：16 組
- DC Current per I/O Pin：40 mA
- DC Current for 3.3V Pin：50 mA
- Flash Memory：256 KB of which 8 KB used by bootloader
- SRAM：8 KB
- EEPROM：4 KB
- Clock Speed：16 MHz

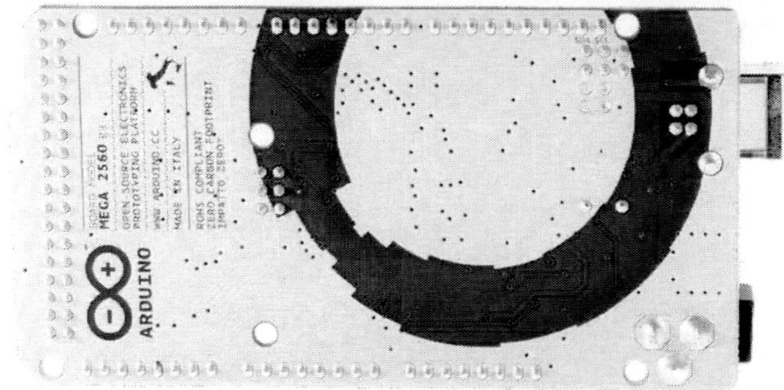

圖 3 Arduino Mega2560 開發板外觀圖

程式設計

讀者若對本章節程式結構不了解之處，請參閱 Arduino 官方網站的 Language Reference (http://arduino.cc/en/Reference/HomePage)，相信會對 Arduino 程式碼更加了解與熟悉。

程式結構

- setup()
- loop()

一個 Arduino 程式碼(SKETCH)由兩部分組成

程式初始化

void setup()

在這個函式範圍內放置初始化 Arduino 開發板的程式 - 在重複執行的程式(loop())之前執行，主要功能是將所有 Arduino 開發板的 pin 腳設定，元件設定，需要初始化的部分設定等等。

迴圈重複執行

void loop()

在此放置你的 Arduino 程式碼。這部份的程式會一直重複的被執行，直到 Arduino 開發板被關閉。

區塊式結構 (block structure) 的程式語言

C 語言是區塊式結構的程式語言， 所謂的區塊是一對大括號：『{}』所界定的範圍， 每一對大括號及其涵括的所有敘述構成 C 語法中所謂的複合敘述 (Compound Statement)， 這樣子的複合敘述不但對於編譯器而言，構成一個有意義的文法單位， 對於程式設計者而言，一個區塊也應該要代表一個完整的程式邏輯單元， 內含的敘述應該具有相當的資料耦合性 (一個敘述處理過的資料會被後面的敘述拿來使用)， 及控制耦合性 (CPU 處理完一個敘述後會接續處理另一個敘述指定的動作)， 當看到程式中一個區塊時， 應該要可以假設其內所包含的敘述都是屬於某些相關功能的， 當然其內部所使用的資料應該都是完成該種功能所必需的， 這些資料應該是專屬於這個區塊內的敘述， 是這個區塊之外的敘述不需要的。

命名空間 (naming space)

C 語言中區塊定義了一塊所謂的命名空間 (naming space)， 在每一個命名空間內，程式設計者可以對其內定義的變數任意取名字， 稱為區域變數 (local variable)， 這些變數只有在該命名空間 (區塊) 內部可以進行存取， 到了該區塊之外程式就不能在藉由該名稱來存取了， 如下例中 int 型態的變數 z。 由於區塊是階層式的， 大區塊可以內含小區塊， 大區塊內的變數也可以在內含區塊內使用， 例如：

```
{
    int x, r;
    x=10;
    r=20;
    {
        int y, z;
        float r;
        y = x;
        x = 1;
        r = 10.5;
    }
    z = x; // 錯誤，不可使用變數 z
}
```

上面這個例子裡有兩個區塊， 也就有兩個命名空間， 有任一個命名空間中不可有兩個變數使用相同的名字， 不同的命名空間則可以取相同的名字， 例如變數 r， 因此針對某一個變數來說， 可以使用到這個變數的程式範圍就稱為這個變數的作用範圍 (scope)。

變數的生命期 (Lifetime)

變數的生命始於定義之敘述而一直延續到定義該變數之區塊結束為止， 變數的作用範圍：意指程式在何處可以存取該變數， 有時變數是存在的，但是程式卻無法藉由其名稱來存取它， 例如， 上例中內層區塊內無法存取外層區塊所定義的變數 r，因為在內層區塊中 r 這個名稱賦予另一個 float 型態的變數了。

縮小變數的作用範圍

利用 C 語言的區塊命名空間的設計，程式設計者可以儘量把變數的作用範圍縮小， 如下例：

```
{
int tmp;
    for (tmp=0; tmp<1000; tmp++)
        doSomeThing();
}
{
    float tmp;
    tmp = y;
    y = x;
    x = y;
}
```

上面這個範例中前後兩個區塊中的 tmp 很明顯地沒有任何關係， 看這個程式的人不必擔心程式中有藉 tmp 變數傳遞資訊的任何意圖。

特殊符號

; (semicolon)
{} (curly braces)
// (single line comment)
/* */ (multi-line comment)

Arduino 語言用了一些符號描繪程式碼，例如註解和程式區塊。

; //(分號)

Arduino 語言每一行程序都是以分號為結尾。這樣的語法讓你可以自由地安排代碼，你可以將兩個指令放置在同一行，只要中間用分號隔開（但這樣做可能降低程式的可讀性）。

範例：

```
delay(100);
```

{}(大括號)

大括號用來將程式代碼分成一個又一個的區塊，如以下範例所示，在 loop()函式的前、後，必須用大括號括起來。

範例：

```
void loop(){
	Serial.pritln("Hello !! Welcome to Arduino world");
}
```

註解

程式的註解就是對代碼的解釋和說明，編寫註解有助於程式設計師(或其他人)了解代碼的功能。

Arduino 處理器在對程式碼進行編譯時會忽略註解的部份。

Arduino 語言中的編寫註解有兩種方式

```
//單行註解：這整行的文字會被處理器忽略
/*多行註解：
	在這個範圍內你可以
	寫　一篇　小說
  */
```

變數

程式中的變數與數學使用的變數相似，都是用某些符號或單字代替某些數值，從而得以方便計算過程。程式語言中的變數屬於識別字 (identifier)，C 語言對於識別字有一定的命名規則，例如只能用英文大小寫字母、數字以及底線符號

其中，數字不能用作識別字的開頭，單一識別字裡不允許有空格，而如 int 、char 為 C 語言的關鍵字 (keyword) 之一，屬於程式語言的語法保留字，因此也不能用為自行定義的名稱。通常編譯器至少能讀取名稱的前 31 個字元，但外部名稱可能只能保證前六個字元有效。

變數使用前要先進行宣告 (declaration)，宣告的主要目的是告訴編譯器這個變數屬於哪一種資料型態，好讓編譯器預先替該變數保留足夠的記憶體空間。宣告的方式很簡單，就是型態名稱後面接空格，然後是變數的識別名稱

常數

- HIGH | LOW
- INPUT | OUTPUT
- true | false
- Integer Constants

資料型態

- boolean
- char
- byte
- int
- unsigned int
- long
- unsigned long
- float
- double
- string
- array
- void

常數

在 Arduino 語言中事先定義了一些具特殊用途的保留字。HIGH 和 LOW 用來表示你開啟或是關閉了一個 Arduino 的腳位(pin)。INPUT 和 OUTPUT 用來指示這個 Arduino 的腳位(pin)是屬於輸入或是輸出用途。true 和 false 用來指示一個條件或表示式為真或是假。

變數

變數用來指定 Arduino 記憶體中的一個位置，變數可以用來儲存資料，程式人員可以透過程式碼去不限次數的操作變數的值。

因為 Arduino 是一個非常簡易的微處理器，但你要宣告一個變數時必須先定義他的資料型態，好讓微處理器知道準備多大的空間以儲存這個變數值。

Arduino 語言支援的資料型態:

布林 boolean

布林變數的值只能為真(true)或是假(false)

字元 char

單一字元例如 A，和一般的電腦做法一樣 Arduino 將字元儲存成一個數字，即使你看到的明明就是一個文字。

用數字表示一個字元時，它的值有效範圍為 -128 到 127。

PS：目前有兩種主流的電腦編碼系統 ASCII 和 UNICODE。

- ASCII 表示了 127 個字元， 用來在序列終端機和分時計算機之間傳輸文字。
- UNICODE 可表示的字量比較多，在現代電腦作業系統內它可以用來表示多國語言。

在位元數需求較少的資訊傳輸時，例如義大利文或英文這類由拉丁文，阿拉伯數字和一般常見符號構成的語言，ASCII 仍是目前主要用來交換資訊的編碼法。

位元組 byte

儲存的數值範圍為 0 到 255。如同字元一樣位元組型態的變數只需要用一個位元組(8 位元)的記憶體空間儲存。

整數 int

整數資料型態用到 2 位元組的記憶體空間，可表示的整數範圍為 －32,768 到 32,767; 整數變數是 Arduino 內最常用到的資料型態。

整數 unsigned int

無號整數同樣利用 2 位元組的記憶體空間，無號意謂著它不能儲存負的數值，因此無號整數可表示的整數範圍為 0 到 65,535。

長整數 long

長整數利用到的記憶體大小是整數的兩倍，因此它可表示的整數範圍從 －2,147,483,648 到 2,147,483,647。

長整數 unsigned long

無號長整數可表示的整數範圍為 0 到 4,294,967,295。

浮點數 float

浮點數就是用來表達有小數點的數值，每個浮點數會用掉四位元組的RAM，注意晶片記憶體空間的限制，謹慎的使用浮點數。

雙精準度 浮點數 double

雙精度浮點數可表達最大值為 1.7976931348623157 x 10308。

字串 string

字串用來表達文字信息，它是由多個 ASCII 字元組成(你可以透過序串埠發送一個文字資訊或者將之顯示在液晶顯示器上)。字串中的每一個字元都用一個組元組空間儲存，並且在字串的最尾端加上一個空字元以提示 Ardunio 處理器字串的結束。下面兩種宣告方式是相同的。

```
char word1 = "Arduino world"; // 7 字元 + 1 空字元
char word2 = "Arduino is a good developed kit"; // 與上行相同
```

陣列 array

一串變數可以透過索引去直接取得。假如你想要儲存不同程度的 LED 亮度時，你可以宣告六個變數 light01，light02，light03，light04，light05，light06，但其實你有更好的選擇，例如宣告一個整數陣列變數如下：

```
int light = {0, 20, 40, 65, 80, 100};
```

"array" 這個字為沒有直接用在變數宣告，而是[]和{}宣告陣列。

控制指令

型態轉換

- char()
- byte()
- int()
- long()
- float()

char()

指令用法

將資料轉程字元形態：

語法：char(x)

參數

x: 想要轉換資料的變數或內容

回傳

字元形態資料

byte()

指令用法

將資料轉換位元資料形態：

語法：byte(x)

參數

x: 想要轉換資料的變數或內容

回傳

位元資料形態的資料

int(x)

指令用法

將資料轉換整數資料形態：

語法：int(x)

參數

x: 想要轉換資料的變數或內容

回傳

整數資料形態的資料

long()

指令用法

將資料轉換長整數資料形態：

語法：int(x)

參數

x: 想要轉換資料的變數或內容

回傳

長整數資料形態的資料

float()

指令用法

將資料轉換浮點數資料形態：

語法：float(x)

參數

x: 想要轉換資料的變數或內容

回傳

浮點數資料形態的資料

邏輯控制

控制流程

if
if...else
for
switch case
while
do... while
break
continue
return

Ardunio 利用一些關鍵字控制程式碼的邏輯。

if … else

If 必須緊接著一個問題表示式(expression)，若這個表示式為真，緊連著表示式後的代碼就會被執行。若這個表示式為假，則執行緊接著 else 之後的代碼. 只使用 if 不搭配 else 是被允許的。

範例：

```
#define LED 12
void setup()
{
  int val =1;
  if (val == 1) {
```

```
  digitalWrite(LED,HIGH);
}
}
void loop()
{
}
```

for

用來明定一段區域代碼重覆指行的次數。

範例：

```
void setup()
{
  for (int i = 1; i < 9; i++) {
    Serial.print("2 * ");
    Serial.print(i);
    Serial.print(" = ");
    Serial.print(2*i);

  }
}
void loop()
{
}
```

switch case

if 敘述是程式裡的分叉選擇，switch case 是更多選項的分叉選擇。swith case 根據變數值讓程式有更多的選擇，比起一串冗長的 if 敘述，使用 swith case 可使程式代碼看起來比較簡潔。

範例：

```
void setup()
{
   int sensorValue;
      sensorValue = analogRead(1);
   switch (sensorValue) {

   case 10:
      digitalWrite(13,HIGH);
      break;

case 20:
   digitalWrite(12,HIGH);
   break;

default: // 以上條件都不符合時，預設執行的動作
      digitalWrite(12,LOW);
      digitalWrite(13,LOW);
}
}
void loop()
{
   }
```

while

當 while 之後的條件成立時，執行括號內的程式碼。

範例：

```
void setup()
{
  int sensorValue;
  // 當 sensor 值小於 256，閃爍 LED 1 燈
  sensorValue = analogRead(1);
  while (sensorValue < 256) {
     digitalWrite(13,HIGH);
     delay(100);
```

```
    digitalWrite(13,HIGH);
    delay(100);
    sensorValue = analogRead(1);
  }
}
void loop()
{
  }
```

do … while

和 while 相似，不同的是 while 前的那段程式碼會先被執行一次，不管特定的條件式為真或為假。因此若有一段程式代碼至少需要被執行一次，就可以使用 do…while 架構。

範例：

```
void setup()
{
  int sensorValue;
  do
  {
    digitalWrite(13,HIGH);
    delay(100);
    digitalWrite(13,HIGH);
    delay(100);
    sensorValue = analogRead(1);
  }
  while (sensorValue < 256);
}
void loop()
{
}
```

break

Break 讓程式碼跳離迴圈，並繼續執行這個迴圈之後的程式碼。此外，在 break 也用於分隔 switch case 不同的敘述。

範例：

```
void setup()
{
}
void loop()
{
   int sensorValue;
   do {
      // 按下按鈕離開迴圈
      if (digitalRead(7) == HIGH)
               break;
            digitalWrite(13,HIGH);
            delay(100);
            digitalWrite(13,HIGH);
            delay(100);
            sensorValue = analogRead(1);
   }
   while (sensorValue < 512);
}
```

continue

continue 用於迴圈之內，它可以強制跳離接下來的程式，並直接執行下一個迴圈。

範例：

```
#define PWMpin 12
#define Sensorpin 8
void setup()
{
}
```

```
void loop()
{
  int light;
  int x ;
  for (light = 0; light < 255; light++)
  {
     // 忽略數值介於 140 到 200 之間
       x = analogRead(Sensorpin) ;

    if ((x > 140) && (x < 200))
      continue;

    analogWrite(PWMpin, light);
    delay(10);

  }
}
```

return

函式的結尾可以透過 return 回傳一個數值。

例如，有一個計算現在溫度的函式叫 computeTemperature()，你想要回傳現在的溫度給 temperature 變數，你可以這樣寫：

```
#define PWMpin 12
#define Sensorpin 8

void setup()
{
}
void loop()
{
  int light;
  int x ;
  for (light = 0; light < 255; light++)
  {
```

```
    // 忽略數值介於 140 到 200 之間
    x = computeTemperature() ;
    if ((x > 140) && (x < 200))
        continue;

        analogWrite(PWMpin, light);
        delay(10);
  }
}
int computeTemperature() {

  int temperature = 0;
  temperature = (analogRead(Sensorpin) + 45) / 100;
      return temperature;
}
```

算術運算

算術符號

= (給值)

+ (加法)

- (減法)

* (乘法)

/ (除法)

% (求餘數)

你可以透過特殊的語法用 Arduino 去做一些複雜的計算。 + 和 - 就是一般數學上的加減法，乘法用*示，而除法用 /表示。

另外餘數除法(%)，用於計算整數除法的餘數值。你可以透過多層次的括弧去指定算術之間的循序。和數學函式不一樣，中括號和大括號在此被保留在不同的用途(分別為陣列索引，和宣告區域程式碼)。

範例：

```
#define PWMpin 12
#define Sensorpin 8

void setup()
{
	int sensorValue;
	int light;
	int remainder;

	sensorValue = analogRead(Sensorpin) ;
	light = ((12 * sensorValue) - 5 ) / 2;
	remainder = 3 % 2;

}
void loop()
{
}
```

比較運算

== (等於)

!= (不等於)

< (小於)

> (大於)

<= (小於等於)

>= (大於等於)

當你在指定 if,while, for 敘述句時，可以運用下面這個運算符號：

==	等於	a==1
!=	不等於	a!=1
<	小於	a<1
>	大於	a>1
<=	小於等於	a<=1
>=	**大於等於**	a>=1

布林運算

- && (and)
- || (or)
- ! (not)

當你想要結合多個條件式時，可以使用布林運算符號。

例如你想要檢查從感測器傳回的數值是否於 5 到 10，你可以這樣寫：

```
#define PWMpin 12
#define Sensorpin 8
void setup()
{
}
void loop()
{
  int light;
  int sensor ;
  for (light = 0; light < 255; light++)
  {
        // 忽略數值介於 140 到 200 之間
         sensor = analogRead(Sensorpin) ;

  if ((sensor >= 5) && (sensor <=10))
```

```
        continue;

        analogWrite(PWMpin, light);
      delay(10);
  }
}
```

這裡有三個運算符號: 交集(and)用 **&&** 表示; 聯集(or)用 **||** 表示; 反相(finally not)用 **!**表示。

複合運算符號：有一般特殊的運算符號可以使程式碼比較簡潔，例如累加運算符號。

例如將一個值加 1，你可以這樣寫:

```
Int value = 10 ;
value = value + 1 ;
```

你也可以用一個複合運算符號累加(++)：

```
Int value = 10 ;
value ++;
```

複合運算符號

- ++ (increment)
- -- (decrement)
- += (compound addition)
- -= (compound subtraction)
- *= (compound multiplication)
- /= (compound division)

累加和遞減 (++和 --)

當你在累加 1 或遞減 1 到一個數值時。請小心 i++和++i 之間的不同。如果你用的是 i++，i 會被累加並且 i 的值等於 i+1；但當你使用++i 時，i 的值等於 i，直到這行指令被執行完時 i 再加 1。同理應用於－－。

+=，－=, *= and /=

這些運算符號可讓表示式更精簡，下面二個表示式是等價的：

```
Int value = 10 ;
value   = value +5 ;      // (此兩者都是等價)
value   += 5 ;             // (此兩者都是等價)
```

輸入輸出腳位設定

數位訊號輸出/入

- pinMode()
- digitalWrite()
- digitalRead()

類比訊號輸出/入

- analogRead()
- analogWrite() - PWM

Arduino 內含了一些處理輸出與輸入的切換功能，相信已經從書中程式範例略知一二。

pinMode(pin, mode)

將數位腳位(digital pin)指定為輸入或輸出。

範例

```
#define sensorPin 7
#define PWNPin 8
void setup()
{
pinMode(sensorPin,INPUT); // 將腳位 sensorPin (7) 定為輸入模式
}
void loop()
{
}
```

digitalWrite(pin, value)

將數位腳位指定為開或關。腳位必須先透過 pinMode 明示為輸入或輸出模式 digitalWrite 才能生效。

範例：

```
#define PWNPin 8
#define sensorPin 7
void setup()
{
digitalWrite (PWNPin,OUTPUT); // 將腳位 PWNPin (8) 定為輸入模式
}
void loop()
{}
```

int digitalRead(pin)

將輸入腳位的值讀出，當感測到腳位處於高電位時時回傳 HIGH，否則回傳 LOW。

範例：

```
#define PWNPin 8
#define sensorPin 7
void setup()
{
    pinMode(sensorPin,INPUT); // 將腳位 sensorPin (7) 定為輸入模式
    val = digitalRead(7); // 讀出腳位 7 的值並指定給 val
}
void loop()
{
}
```

int analogRead(pin)

讀出類比腳位的電壓並回傳一個 0 到 1023 的數值表示相對應的 0 到 5 的電壓值。

範例：

```
#define PWNPin 8
#define sensorPin 7
void setup()
{
    pinMode(sensorPin,INPUT); // 將腳位 sensorPin (7) 定為輸入模式
    val = analogRead (7); // 讀出腳位 7 的值並指定給 val
}
void loop()
{
}
```

analogWrite(pin, value)

改變 PWM 腳位的輸出電壓值，腳位通常會在 3、5、6、9、10 與 11。value

變數範圍 0-255，例如：輸出電壓 2.5 伏特（V），該值大約是 128。

範例：

```
#define PWNPin 8
#define sensorPin 7
void setup()
{
analogWrite (PWNPin,OUTPUT); // 將腳位 PWNPin (8) 定為輸入模式
}
void loop()
{    }
```

進階 I/O

- tone()
- noTone()
- shiftOut()
- pulseIn()

shiftOut(dataPin, clockPin, bitOrder, value)

把資料傳給用來延伸數位輸出的暫存器，函式使用一個腳位表示資料、一個腳位表示時脈。bitOrder 用來表示位元間移動的方式（LSBFIRST 最低有效位元或是 MSBFIRST 最高有效位元），最後 value 會以 byte 形式輸出。此函式通常使用在延伸數位的輸出。

範例：

```
#define dataPin 8
#define clockPin 7
void setup()
```

```
{
shiftOut(dataPin, clockPin, LSBFIRST, 255);
}
void loop()
{     }
```

unsigned long pulseIn(pin, value)

設定讀取腳位狀態的持續時間，例如使用紅外線、加速度感測器測得某一項數值時，在時間單位內不會改變狀態。

範例：

```
#define dataPin 8
#define pulsein 7
void setup()
{
Int time ;
time = pulsein(pulsein,HIGH); // 設定腳位 7 的狀態在時間單位內保持為 HIGH
}
void loop()
{     }
```

時間函式

- millis()
- micros()
- delay()
- delayMicroseconds()

控制與計算晶片執行期間的時間

unsigned long millis()

回傳晶片開始執行到目前的毫秒

範例:

```
int   lastTime ,duration;
void setup()
{
  lastTime = millis() ;
}
void loop()
{
  duration = -lastTime; //  表示自"lastTime"至當下的時間
}
```

delay(ms)

暫停晶片執行多少毫秒

範例:

```
void setup()
{
  Serial.begin(9600);
}
void loop()
{
  Serial.print(millis()) ;
  delay(500); //暫停半秒（500 毫秒）
}
```

「毫」是 10 的負 3 次方的意思，所以「毫秒」就是 10 的負 3 次方秒，也就是 0.001 秒，參考表 1

表 1 常用單位轉換表

符號	中文	英文	符號意義
p	微微	pico	10 的負 12 次方
n	奈	nano	10 的負 9 次方
u	微	micro	10 的負 6 次方
m	毫	milli	10 的負 3 次方
K	仟	kilo	10 的 3 次方
M	百萬	mega	**10 的 6 次方**
G	十億	giga	**10 的 9 次方**
T	**兆**	**tera**	**tera**

delay Microseconds(us)

暫停晶片執行多少微秒

範例:

```
void setup()
{
  Serial.begin(9600);
}
void loop()
{
  Serial.print(millis()) ;
  delayMicroseconds (1000); //暫停半秒（500 毫秒）
}
```

數學函式

- min()
- max()
- abs()
- constrain()
- map()
- pow()
- sqrt()

三角函式以及基本的數學運算

min(x, y)

回傳兩數之間較小者

範例：

```
#define sensorPin1 7
#define sensorPin2 8
void setup()
{
  int val;
   pinMode(sensorPin1,INPUT); // 將腳位 sensorPin1 (7) 定為輸入模式
   pinMode(sensorPin2,INPUT); // 將腳位 sensorPin2 (8) 定為輸入模式
    val = min(analogRead (sensorPin1), analogRead (sensorPin2)) ;
}
void loop()
{    }
```

max(x, y)

回傳兩數之間較大者

範例：

```
#define sensorPin1 7
#define sensorPin2 8
void setup()
{
  int val;
  pinMode(sensorPin1,INPUT); // 將腳位 sensorPin1 (7) 定為輸入模式
  pinMode(sensorPin2,INPUT); // 將腳位 sensorPin2 (8) 定為輸入模式
  val = max (analogRead (sensorPin1), analogRead (sensorPin2)) ;
}
void loop()
{    }
```

abs(x)

回傳該數的絕對值，可以將負數轉正數。

範例：

```
#define sensorPin1 7
void setup()
{
  int val;
   pinMode(sensorPin1,INPUT); // 將腳位 sensorPin (7) 定為輸入模式
      val = abs(analogRead (sensorPin1)-500);
         // 回傳讀值-500 的絕對值
}
void loop()
{      }
```

constrain(x, a, b)

判斷 x 變數位於 a 與 b 之間的狀態。x 若小於 a 回傳 a；介於 a 與 b 之間回傳 x 本身；大於 b 回傳 b

範例：

```
#define sensorPin1 7
#define sensorPin2 8
#define sensorPin 12
void setup()
{
  int val;
  pinMode(sensorPin1,INPUT); // 將腳位 sensorPin1 (7) 定為輸入模式
  pinMode(sensorPin2,INPUT); // 將腳位 sensorPin2 (8) 定為輸入模式
  pinMode(sensorPin,INPUT); // 將腳位 sensorPin (12) 定為輸入模式
  val = constrain(analogRead(sensorPin), analogRead (sensorPin1), analogRead
(sensorPin2)) ;
  // 忽略大於 255 的數
}
void loop()
{
}
```

map(value, fromLow, fromHigh, toLow, toHigh)

將 value 變數依照 fromLow 與 fromHigh 範圍，對等轉換至 toLow 與 toHigh 範圍。時常使用於讀取類比訊號，轉換至程式所需要的範圍值。

例如：

```
#define sensorPin1 7
#define sensorPin2 8
#define sensorPin 12
void setup()
{
  int val;
```

```
   pinMode(sensorPin1,INPUT); // 將腳位 sensorPin1 (7) 定為輸入模式
   pinMode(sensorPin2,INPUT); // 將腳位 sensorPin2 (8) 定為輸入模式
   pinMode(sensorPin,INPUT); // 將腳位 sensorPin (12) 定為輸入模式
   val = map(analogRead(sensorPin), analogRead (sensorPin1), analogRead
(sensorPin2),0,100) ;
 // 將 analog0 所讀取到的訊號對等轉換至 100 – 200 之間的數值
}
void loop()
{      }
```

double pow(base, exponent)

回傳一個數(base)的指數(exponent)值。

範例：

```
int y=2;
double x = pow(y, 32); // 設定 x 為 y 的 32 次方
```

double sqrt(x)

回傳 double 型態的取平方根值。

範例：

```
int y=2123;
double x = sqrt (y);   // 回傳 2123 平方根的近似值
```

三角函式

- sin()
- cos()
- tan()

double sin(rad)

回傳角度（radians）的三角函式 sine 值。

範例：

```
int y=45;
double sine = sin (y);   // 近似值 0.70710678118654
```

double cos(rad)

回傳角度（radians）的三角函式 cosine 值。

範例：

```
int y=45;
double cosine = cos (y);   // 近似值 0.70710678118654
```

double tan(rad)

回傳角度（radians）的三角函式 tangent 值。

範例：

```
int y=45;
double tangent = tan (y);   // 近似值 1
```

亂數函式

- randomSeed()

- random()

本函數是用來產生亂數用途：

randomSeed(seed)

事實上在 Arduino 裡的亂數是可以被預知的。所以如果需要一個真正的亂數，可以呼叫此函式重新設定產生亂數種子。你可以使用亂數當作亂數的種子，以確保數字以隨機的方式出現，通常會使用類比輸入當作亂數種子，藉此可以產生與環境有關的亂數。

範例：

```
#define sensorPin 7
void setup()
{
randomSeed(analogRead(sensorPin)); // 使用類比輸入當作亂數種子
}
void loop()
{
}
```

long random(max)

long random(min, max)

回傳指定區間的亂數，型態為 long。如果沒有指定最小值，預設為 0。

範例：

```
#define sensorPin 7
long randNumber;
void setup(){
  Serial.begin(9600);
```

```
  // if analog input pin sensorPin(7) is unconnected, random analog
  // noise will cause the call to randomSeed() to generate
  // different seed numbers each time the sketch runs.
  // randomSeed() will then shuffle the random function.
  randomSeed(analogRead(sensorPin));
}
void loop() {
  // print a random number from 0 to 299
  randNumber = random(300);
  Serial.println(randNumber);

  // print a random number from   0 to 100
  randNumber = random(0, 100);   // 回傳 0 – 99 之間的數字
  Serial.println(randNumber);
  delay(50);
}
```

通訊函式

你可以在許多例子中，看見一些使用序列埠與電腦交換資訊的範例，以下是函式解釋。

Serial.begin(speed)

你可以指定 Arduino 從電腦交換資訊的速率，通常我們使用 9600 bps。當然也可以使用其他的速度，但是通常不會超過 115,200 bps（每秒位元組）。

範例：

```
void setup() {
  Serial.begin(9600);          // open the serial port at 9600 bps:
}
void loop() {
 }
```

Serial.print(data)

經序列埠傳送資料，提供編碼方式的選項。如果沒有指定，預設以一般文字傳送。

範例：

```
int x = 0;        // variable

void setup() {
  Serial.begin(9600);           // open the serial port at 9600 bps:
}

void loop() {
  // print labels
  Serial.print("NO FORMAT");              // prints a label
  Serial.print("\t");                     // prints a tab
  Serial.print("DEC");
  Serial.print("\t");
  Serial.print("HEX");
  Serial.print("\t");
  Serial.print("OCT");
  Serial.print("\t");
  Serial.print("BIN");
  Serial.print("\t");
}
```

Serial.println(data)

Serial.println(data, encoding)

與 Serial.print()相同，但會在資料尾端加上換行字元（ ）。意思如同你在鍵盤上打了一些資料後按下 Enter。

範例：

```
int x = 0;        // variable
void setup() {
  Serial.begin(9600);          // open the serial port at 9600 bps:
}
void loop() {
  // print labels
  Serial.print("NO FORMAT");              // prints a label
  Serial.print("\t");                     // prints a tab
  Serial.print("DEC");
  Serial.print("\t");
  Serial.print("HEX");
  Serial.print("\t");
  Serial.print("OCT");
  Serial.print("\t");
  Serial.print("BIN");
  Serial.print("\t");

  for(x=0; x< 64; x++){       // only part of the ASCII chart, change to suit
    // print it out in many formats:
    Serial.print(x);            // print as an ASCII-encoded decimal - same as "DEC"
    Serial.print("\t");       // prints a tab
    Serial.print(x, DEC);    // print as an ASCII-encoded decimal
    Serial.print("\t");       // prints a tab
    Serial.print(x, HEX);    // print as an ASCII-encoded hexadecimal
    Serial.print("\t");       // prints a tab
    Serial.print(x, OCT);    // print as an ASCII-encoded octal
    Serial.print("\t");       // prints a tab
    Serial.println(x, BIN);   // print as an ASCII-encoded binary
    //                       then adds the carriage return with "println"
    delay(200);                    // delay 200 milliseconds
  }
  Serial.println("");         // prints another carriage return
```

```
}
```

int Serial.available()

回傳有多少位元組（bytes）的資料尚未被 read()函式讀取，如果回傳值是 0 代表所有序列埠上資料都已經被 read()函式讀取。

範例：

```
int incomingByte = 0;     // for incoming serial data
 void setup() {
          Serial.begin(9600);        // opens serial port, sets data rate to 9600 bps
 }
 void loop() {
          // send data only when you receive data:
          if (Serial.available() > 0) {
                   // read the incoming byte:
                   incomingByte = Serial.read();
                   // say what you got:
                   Serial.print("I received: ");
                   Serial.println(incomingByte, DEC);
          }
 }
```

int Serial.read()

讀取 1byte 的序列資料

範例：

```
int incomingByte = 0;     // for incoming serial data
void setup() {
  Serial.begin(9600);        // opens serial port, sets data rate to 9600 bps
}
```

```
void loop() {
  // send data only when you receive data:
  if (Serial.available() > 0) {
    // read the incoming byte:
    incomingByte = Serial.read();
    // say what you got:
    Serial.print("I received: ");
    Serial.println(incomingByte, DEC);
  }
}
```

int Serial.write()

寫入資料到序列

範例：

```
void setup(){
  Serial.begin(9600);
}
void loop(){
  Serial.write(45); // send a byte with the value 45
    int bytesSent = Serial.write("hello Arduino , I am a beginner in the Arduino
world");
}
```

Serial.flush()

有時候因為資料速度太快，超過程式處理資料的速度，你可以使用此函式清除緩衝區內的資料。經過此函式可以確保緩衝區(buffer)內的資料都是最新的。

範例：

```
void setup(){
```

```
   Serial.begin(9600);
}
void loop(){
   Serial.write(45); // send a byte with the value 45
      int bytesSent = Serial.write("hello Arduino , I am a beginner in the Arduino
world");
         Serial.flush();
      }
```

章節小結

本章節概略的介紹本書開發工具：『Arduino 開發板』，接下來就是介紹本書主要的內容，讓我們視目以待。

2
CHAPTER

列表機

列表機

列表機種類介紹

根據常用的印表機，我們可以將他分為下列種類：

菊輪式印表機

如果您用過打字機，那對菊輪式印表機的原理一定會感到熟悉。菊輪式印表機的印字頭是由金屬或橡膠製成，分割成數個「字模（petals）」，每個字模各代表一組字母（包含大寫與小寫）、阿拉伯數字、或是標點符號。當字模透過色帶打在紙上的時候，就會印出字模上顯示的形狀。菊輪式印表機速度慢、噪音大，沒辦法列印圖形，也沒辦法改變字型（除非換掉整組菊輪）。

行列式印表機

「行列式印表機（line printer）」的原理跟菊輪式很像，也屬撞擊式印表機的一員。但不像菊輪式印表機使用圓形輪子，行列式印表機可以同時將字母印在同一行上。這方法利用了「列印滾筒（print drum）」或「列印鍊（print chain）」。當滾筒或鏈條滾過紙的表面時，藏在紙張後面的擊鎚，就會把紙推向色帶與滾筒(或鏈條)，印出字母。

由於這列印機構的因素，行列式印表機的速度比點矩陣或菊輪式要快得多。然而，行列式印表機特別吵，字體受限，而且列印品質也比不上最近的印表技術。為了因應行列印表機的速度，必須要「軌道進紙（tractor-fed）」，印表紙的旁邊有預先打好的洞，這樣才能高速進紙，高速列印，直到整箱紙用完為止。正如其名，一次可以列印一整行的文字。

行列式印表機又分為兩種。一種是「鼓式印表機」，即圓柱上的每個環都裝有所有要列印的字元，原理也類似蓋日期的數字圖章，這樣就可以一次列印一行。另一種是「鏈式印表機」(也叫火車印表機)，是把各種字元放在可以上下滑動的鏈子上，需要那個字元就把它滑動到要列印的行上。這兩種印表機，在列印的時候都是擊槌擊打紙的背面，同時字模和色帶正墊好在上方，打完一行紙張向上走再打下一行，擊槌擊打的是紙而不是字模，這一點和一般擊打式印表機把字模往紙上擊打是不同的。

點陣式印表機

點矩陣印表機又稱針式印表機，以電磁驅動的「印字頭(printhead)」(如圖 4 所示)，其印字頭內有一組像素或點的矩陣組合而成的撞針，運用了擊打式印表機的原理，用這一組小針來產生精確的點，在紙上左右滑動，印字頭上的細針透過色帶，將許許多多的點印在紙上，最後形成文字或圖形。比擊打式印表機更先進的是，它不但可以列印文本，還可以列印圖形。

圖 4 LQ- 570印字頭

點矩陣印表機的機構非常簡單。除了利用印字頭（printhead）將字或圖形透過撞針撞擊後，轉印到紙上，並利用「滾筒（drum，以橡膠包覆，又稱「鼓」)」

將紙捲入，印字頭（printhead）每印一行，就把紙往上拉一行(或可控制幾點)，透過這樣方式，列印大範圍的圖案。

點矩陣印表機的解析度與品質不盡相同，印字頭又分有 9 針和 24 針兩種規格，印表機的撞針數愈多，代表所印出的撞擊點愈緊密，所以印出的字或圖形也就愈平滑美觀。由於撞針撞擊點的大小要大於噴墨印表機的墨點，更遠大於雷射印表機的碳粉，所以列印的品質最差。雖然點矩陣（或任何撞擊式）印表機的解析度不如噴墨或雷射印表機，但有一項優點是後者所不及的。由於印字頭必須先撞擊在色帶，再撞擊到紙上，其力道一定不輕，所以很適合用在「複寫（carbon copies）」環境中。

通常複寫報表是由好幾張紙重疊而成，紙的背面有碳粉（或其他會因為壓力而出現字跡的物質），所以可以一次打印多張報表。通常零售商與小型企業會用這種印表機，列印收據或帳單。

噴墨式印表機

噴墨印表機可以把數量眾多的微小墨滴，精確的噴射在要列印的紙(媒介)上，顧名思義，就是將細小的墨點噴在紙張上，以造成文字或圖像的效果，墨點越細小，圖像就越細緻。在噴墨印表機的機體構造中，「噴墨系統」是它的主要的核心技術，主要由儲存墨水的墨水匣和釋出墨水的印字頭(噴嘴)構成，而做使用噴墨技術的不同，噴墨印表機可分為氣泡式及壓電式兩種。

傳統的氣泡式的噴墨技術是以加熱的方法使印字頭的墨水沸騰產生氣泡，再透過氣泡的壓力迫使墨水從印字頭噴於紙張，冷卻形成固定圖像。這種長期加熱冷卻的過程容易耗損印字頭，所以為了維持列印品質，印字頭經常需要汰換。

這樣的缺憾透過最新的 EPSON 微針點壓電式噴墨技術的研發而獲得克服。微針點壓電式噴墨技術改採耐度高的晶體設計，當穩定的電壓對晶體加壓時，晶體會因體積膨脹而噴出墨水。這種技術可以精確地控制墨點大小，同時延長印字頭的使用壽命。

雷射印表機

雷射印表機的操作原理與影印機類似，是先把資料數位化，配合種種影像與文字處理軟體，用雷射掃描出影像與文字，然後快速列印。如圖 5 所示，它的工作過程可分為六個步驟：充電、曝光、顯影、轉印、定影、清潔：

1. 佈電：利用充電棒讓感光鼓帶電荷，通常是負電荷。
2. 曝光：用雷射光 (近來也有用 LED 光) 照射感光鼓，照到的地方，負電荷消失。至於哪邊要照光，便由要列印的影像決定，照到光的地方是要印上碳粉處。
3. 顯像：碳粉帶負電，在感光鼓曝光後，碳粉透過顯像滾輪將粉帶到感光鼓上，剛剛光照過的地方無電荷，所以碳粉會因為靜電原理而吸附在感光鼓的該區域，至於感光鼓沒照光的部分，因帶負電，和碳粉相斥，所以粉就不會上去。
4. 轉印：請記住，感光鼓是支圓棒，列印時，感光鼓會轉動，前述的佈電、曝光、顯像其實是沿著轉動的方向，由前而後的各個工作站，每站的工作範圍就是垂直於轉動方向的一條線 (由圓棒的一個端點到另一端點)，紙會在下一站從感光鼓表面經過，紙的一邊是感光鼓，另一邊有轉印滾輪 (有些會帶正電)，於是之前附在鼓上的碳粉便會被轉印吸附到紙上。
5. 定影：前一步驟的轉印，碳粉只是印到紙上，但未固定在紙上，手一摸碳粉就會掉，下一步是紙被帶到加熱模組，靠著加熱棒的高溫高壓效應讓碳粉和紙上的纖維熔合固定。
6. 清潔：定影是紙經過感光鼓後往加熱模組去進行的工作，同一時間，感光鼓往下轉的下一站是清潔，一般包括用橡膠刮刀刮除沒轉印到紙上的殘餘碳粉，另外有些機種也會透過放電燈照射將感光鼓的殘餘電荷清除成電中性。

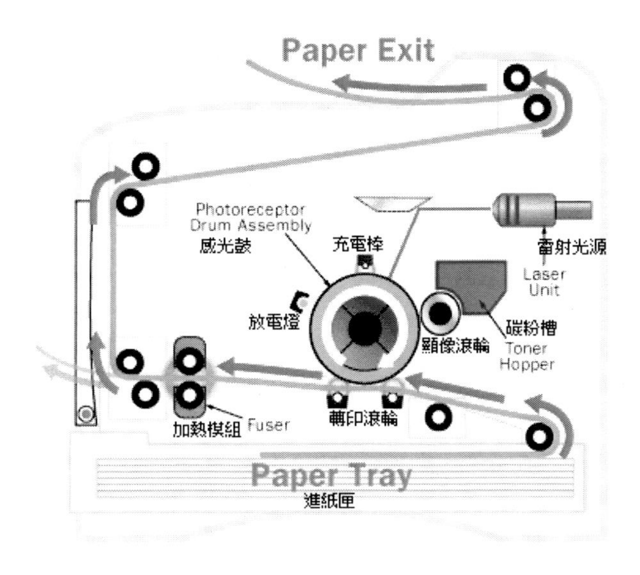

圖 5 雷射列表機運作原理簡圖

資料來源：How Laser Printers Work

(http://computer.howstuffworks.com/laser-printer.htm)

列表機介紹

在 1970 年全球計算機會議，美商 Centronics[7]發表了世界上第一台點陣式印表機 Model 101(Dot Matrix Printer)[8]，可惜由於當時技術上的不完善，並未順利量化

[7] Centronics Data Computer Corporation was a pioneering American manufacturer of computer printers, now remembered primarily for the parallel interface that bears its name. Centronics began as a division of Wang Laboratories. Founded and initially operated by Robert Howard (president) and Samuel Lang (vice president and owner of the well known K & L Color Photo Service Lab in New York City), the group produced remote terminals and systems for the casino industry. Printers were developed to print receipts and transaction reports. Wang spun off the business in 1971 and Centronics was formed as a corporation in Hudson, New Hampshire with Howard as president and chairman.

[8] The Centronics Model 101 was introduced at the 1970 National Computer Conference. The print head used an innovative seven-wire solenoid impact system. Based on this design, Centronics later

生產進入市場，幾乎沒有-人記住它。其陣式印表機 Model 101 的規格如下列。

Model 101 的規格：

- Print speed: 165 characters per second
- Weight: 155 pounds
- Size: 27 ½ " W x 11 ¼ " H x 19 ¼ D
- Shipping: 200 pounds, wooden crate, unpacked by removal of 36 screws
- Characters: 62, 10 numeric, 26 upper case and 26 special characters (no lower case)
- Character size: 10 characters per inch
- Line spacing: 6 lines per inch
- Vertical control: punched tape reader for top of form and vertical tab
- Forms thickness: original plus four copies
- Interfaces: Centronics parallel, optional RS-232 serial

資料來源：維基百科(http://en.wikipedia.org/wiki/Centronics)

---

made the claim to have developed the first dot matrix impact printer.

圖 6 Centronics 350 Series 列表機

噴墨列印技術早在 1960 年就有人提出，但過了 16 年第一部商業化噴墨印表機(IBM4640)才誕生在 IBM(Le, 1998, Wijshoff, 2008)，IBM4640 的原型機採用歐洲瑞典路德工業技術學院的教授 Hertz[9] 和他的同事所開發，稱之為連續式噴墨技術(continuous ink jet)。所謂連續式噴墨(continuous ink jet)，列印過程之中，都以連續的方式產生墨滴，再將沒有印到的墨滴回收或分散。但此技術幾乎是用滴的方

[9] Professor Hellmuth Hertz, Lund Institute of Technology, Sweden

式將墨點印到紙上，效果之差可以想像，因此現實中因為效果太差，而無實用的商業價值，但卻是全世界第一台商用噴墨列表機的始祖，並且開啟了噴墨列表機的時代。(Le, 1998, Wijshoff, 2008)

此時技術發展重心改由早先的放墨點到紙上,變爲控制墨點爲主，西門子科技的三位研究者 Zoltan, Kyser 和 Sears 在同年研發發展成功壓電式墨點控制技術(EPSON 技術的前身)，1976 年，壓電式墨點控制技術問世，並將其運用在 Seimens Pt-80 (1978 年量產),成爲第一部具有商業價值的噴墨式列表機(Le, 1998, Wijshoff, 2008)。(參考資料：維基百科:http://en.wikipedia.org/wiki/Inkjet_printing)

日本佳能的研究員成功地研究出 Bubble Jet 氣泡式噴墨技術，此技術利用加熱組件在噴頭中將墨水瞬間加熱產生氣泡形成壓力,從而墨水自噴嘴噴出接著再利用墨水本身的物理性質冷卻熱點使氣泡消褪,藉此達到控制墨點進出與大小之雙重目的。

此項發明相傳是在 1977 年 7 月的某一天，東京目黑區(东京目黑区)的佳能(Canon) 產品技術研究所的第 22 研究室的遠藤一郎(远藤一郎)10，在實驗室進行實驗時，偶然將加熱的烙鐵放在注射針的附件上時，從注射針上迅速地飛出了墨水。遠藤一郎受此啟發，於是在二年後發明氣泡式噴墨技術(Buble Jet Technolo-

---

[10] 遠藤一郎氏は世界を二分するインクジェットプリント技術の一つであるBubble Jet技術（キヤノン ㈱)の発明者として知られています。本学理工学部化学工学科卒業で、本施設の井上英一研究室で卒業研究を行い、卒業後、キヤノン㈱に入社、その後、同社派遣の研究生として、井上英一研究室で研鑽を積まれました。

新しいプリンター技術の開発に従事し、熱くなった半田ごてが注射器の針に触れた際、針からインクが飛び出したのを見て、新しいインクジェットの方式（Bubble Jet 技術)を発明したというのは有名な話です。この発明により、画像電子学会論文賞、ヨハン・グーテンベルグ賞(SID)、コーサル記念賞（米国画像学会)、全国発明表彰恩賜発明賞（社団法人発明協会)、エドウイン・H・ランド・メダル（米国画像学会)、学会賞（日本画像学会)などの数々の賞を受賞されています。

gy)。(參考日本情報: http://www.isl.titech.ac.jp/docs/isel-ob.pdf)

惠普[11]HP deskjet 500C[12]是全球第一台彩色噴墨印表機(如圖 7 所示)， HP DesignJet 是惠普公司首次將其噴墨列印技術應用到高尺寸印表機中，推出的世界上第一台單色大尺寸噴墨印表機，這都是噴墨印表機史上最為重要的里程碑。

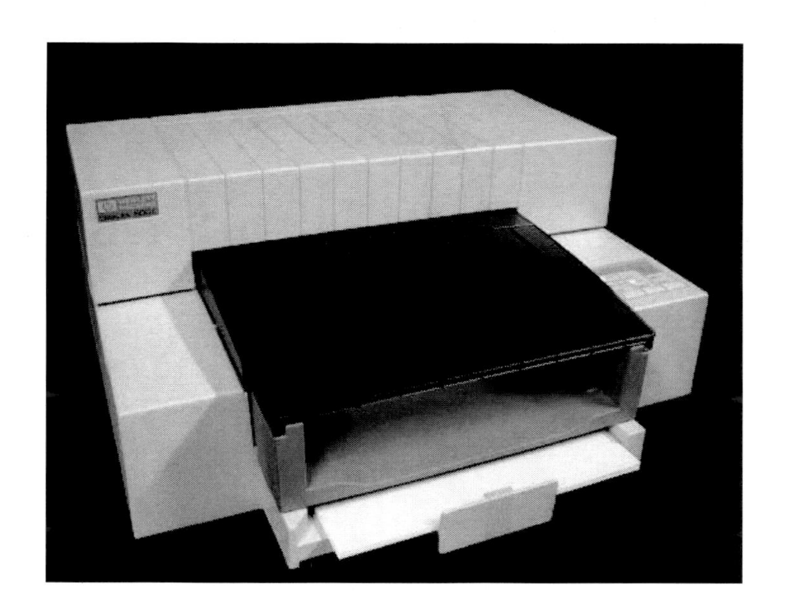

圖 7 惠普 HP deskjet 500C

資料來源：http://welcome.hp.com/country/tw/zh/features/laserjet20.html

[11] The Hewlett-Packard Company or HP is an American multinational information technology corporation headquartered in Palo Alto, California, United States. It provides products, technologies, software, solutions and services to consumers, small- and medium-sized businesses (SMBs) and large enterprises, including customers in the government, health and education sectors(http://en.wikipedia.org/wiki/Hewlett-Packard)

[12] By 1987, the world's first full-color inkjet printer, the PaintJet, was introduced. It was successful that HP introduced a version of the DeskJet capable of color printing, the DeskJet 500C, in October 1991, which is also HP's first 300 dpi color printer, offering 4 minutes per page in color(http://en.wikipedia.org/wiki/HP_Deskjet)

第一台雷射印表機是全錄公司(Xerox)13的 Palo Alto 研究中心（Palo Alto Research Center, PARC[14]）的史大威哲（G. K. Starkweather）於 1969 年所發明。它的操作原理與影印機類似，而雷射印表機也為全錄公司(Xerox)帶來了廣大的商機。

第一台雷射印表機的商業產品是 IBM 於 1976 年推出，主要用於列印發票或者郵址的 IBM 3800 型雷射印表機(參考圖 8 所示)。在許多技術文件上為描述這台機器為「佔據了整個房間的龐大機器」，但是它仍是後來大家熟悉用於個人電腦的雷射列表機雛型機；但是儘管它比較龐大，但是它是一款全新領域的創新設計，直到如今，仍有許多 IBM 3800 在使用。

---

[13] 切斯特卡爾遜(Chester F. Carlson)：一個專利事務律師和業餘發明家，於 1938 年 10 月 22 日，在紐約市的阿斯多利亞(Astoria ,Queens ,New York City)的簡易實驗室中，首次成功地製作出了第一台影印機。他用了幾年的時間，試圖出售這個發明專利，但未能成功。當時的公司管理人員和企業家們不認為影印機哪有什麼市場，況且當時影印機的原型產品是那麼的笨重難看。當時有大約 20 家公司，包括 IBM 和通用電器公司，都以卡爾遜稱之為"毫無興趣"的態度拒絕了這項發明。最後在 1944 年，俄亥俄州的巴特爾研究院(Battelle Memorial Institute)和卡爾遜簽訂了合同，資助他改進這項被他叫做電子照相技術(electrophotography) 的發明。三年後，紐約州羅徹斯特一家生產相紙的哈羅依德公司來到了巴特爾，購買了開發並銷售卡爾遜發明的影印機的許可。哈羅依德公司後來獲得了卡爾遜這項發明的全部專利權。卡爾遜和哈羅依德公司都認為電子照相技術(electrophotography)這個詞過於晦澀難懂。於是他們接受了俄亥俄州立大學的一位古典語言教授的建議，將其改為 Xerography（xeros)是希臘文「乾燥」的意思，哈羅依德公司又創造出了另一個名詞"Xerox"(全錄)作為新的影印機的商標(參考資料:
http://wiki.mbalib.com/zh-tw/%E6%96%BD%E4%B9%90%E5%85%AC%E5%8F%B8)

[14] Palo Alto Research Center- PARC, a Xerox company, is in the Business of Breakthroughs®. Practicing open innovation, we provide custom R&D services, technology, expertise, best practices, and intellectual property to Fortune 500 and Global 1000 companies, startups, and government agencies and partners. We create new business options, accelerate time to market, augment internal capabilities, and reduce risk for our clients (http://www.parc.com/)

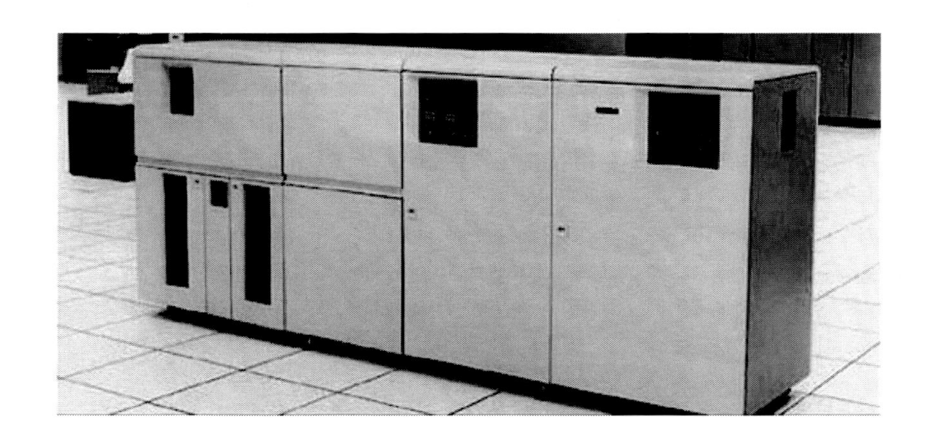

圖 8 IBM 雷射列表機(IBM 3800)

惠普公司在 1984 年推出了全球第一台普及型的雷射印表機 HP Laserjet(參考圖 9 所示)，這個劃時代的科技，讓 HP 成為雷射印表機唯一代名詞。(參考資料：http://h20426.www2.hp.com/campaign/ctc/tw/zh/ctcipg/hphistory.aspx)

在 1984 年，惠普公司發明全球第一個 PCL(Printer Command Language)印表機語言[15]，該語言成為全世界印表機共通的標準作業語言。

PCL 的全稱為 Printer Command Language，開發的一種作為印表機協議的頁面描述語言，實際上，它已經成為業界標準。PCL 最初是為 1984 年的早期噴墨印表機所設計的，後來開始發布用於從熱感應印表機、點陣印表機、雷射印表機等不同印表機的 PCL 版本。後來的 PCL 版本開始支持 HP-GL 以及 PJL 語言。

隨著個人電腦變得更為普及，第一台符合大眾市場的雷射印表機 HP Laserjet 8ppm 於 1984 年上市，它使用了佳能公司開發的硬體機構，惠普公司開發了控制軟體。很快許多其它雷射印表機廠商如 Brother Industries、IBM 等緊隨 HP Laserjet

[15] PCL 的全稱為 Printer Command Language，後來的 PCL 版本開始支持 HP-GL 以及 PJL 語言。(參考資料：http://zh.wikipedia.org/wiki/PCL)

相繼推出了各自的雷射印表機產品。

圖 9 全球第一台雷射印表機 HP Laserjet

資料來源：http://welcome.hp.com/country/tw/zh/features/laserjet20.html

實驗採用的噴墨列表機

由於雙軸運動必須要建立一定的機構，方能進行實驗，所以本書使用故障不用的 HP 噴墨列表機 A310。如圖 10 所示。

圖 10 實驗用噴墨相片列表機 A310

為了實驗上方面，已將該噴墨列表機拆除到剩下進紙動力結構與噴墨頭的動力結構(如圖 11 所示)，其餘不需要的部分皆已拆除。

圖 11 實驗用噴墨相片列表機(已拆除)

由於該型噴墨列表機 A310 之雙軸皆為直流馬達，所以本實驗主題為直流馬達控制，配合 Arduino 開發板與 L298N 模組驅動該噴墨列表機進紙馬達與噴頭馬達，並透過 Arduino 開發板控制，並進而控制該噴墨列表機之動作。

章節小結

本章節概略的介紹本書研究主題『雙軸馬達：使用噴墨列表機』，主要是要透過噴墨列表機的進紙馬達與對應機構為第一軸，噴墨頭驅動馬達與對應機構為第二軸，進行本書雙軸馬達的實驗，讓我們拭目以待。

3 CHAPTER

馬達

馬達

馬達介紹

馬達正確的學名叫電動機（Electric Motor），俗稱馬達或電動馬達，是一種將電能轉化成機械能，並可再使用機械能產生動能，用來驅動其他裝置的電氣設備，適用於半導體工業、自動化工業、工具機、產業機器及儀器工業等，其應用則遍及各種行業、辦公室、家庭等，生活週遭幾乎無所不在。依電流特性，一般分為交流馬達與直流馬達兩種。

直流電動機

直流馬達(direct current, DC motor)[16]一般是指直流有刷電機，好處為控速簡單容易，只須控制電壓大小，便可以控制共轉速。直流馬達(direct current, DC motor)是最早發明能將電力轉換為機械功率的電動機，它可追溯到 Michael Faraday 所發明的碟型馬達。法拉第(Faraday)的原始設計其後經過不斷的改良，到了 1880 年代已成為主要的電能機械能轉換裝置。

到了 1960 年，由於矽控整流器 Silicon-Controlled Rectifier (SCR)[17]的發明、磁鐵材料、碳刷、絕緣材料的改良，以及變速控制的需求日益增加，再加上工業自動化的發展，直流馬達驅動系統到了 1980 年，直流伺服驅動系統成為自動化工業與精密加工的關鍵技術。

交流電動機

---

[16] 直流馬達的原理是定子不動，轉子依交互作用所產生作用力的方向運動

[17] 矽控整流器(Silicon Controlled Rectifier)簡稱 SCR，是一種三端點的閘流體(thyristor)元件，用以控制流到負載的電流。

交流電動機[18]（AC Motor）則可以在高溫、易燃等環境下操作，控制交流電動機轉速的方法有二種：一種是使用變頻器控制交流電的頻率，另一種是使用感應馬達，用增加內部阻力的方式，在相同交流電的頻率下降低電動機轉速，控制其電壓只會影響電動機的扭力。

交流馬達主要可分為(1)感應馬達與(2)同步馬達。感應馬達因其轉子結構又可分為(a)鼠籠式， (b)繞線式。交流馬達雖然結構簡單價格低廉，但因其變速控制較為困難，過去主要應用於定轉速或多段變速的應用場合。

變頻器應用於交流馬達的變速控制在工業上已有相當的時日，然而由於近年來大型積體電路的快速發展，功率電子元件的進步，複雜的控制法則得以藉微處理器為基礎的軟體予以實現，使交流馬達的變速控制可藉由數位式變頻器驅動系統而達成，由於數位控制的優點與軟體控制可根據應用狀況而作較大彈性之修改，已逐漸的取代了以往類比式的變頻器而成為未來的主流。

基本構造

電動機的種類很多，以基本結構來說，其組成主要由定子（Stator）和轉子（Rotor）所構成。所謂『定子』就是在電動機機構中，在運行時，在其空間中靜止不動的部分稱為定子；而『轉子』就是在電動機機構中，在運行時，轉子則可繞軸轉動，由軸承支撐。定子與轉子之間會有一定間隙(氣隙)，以確保轉子能自由轉動，不被阻饒。而定子和轉子之間透過磁場變化，依『佛萊明左手定則[19]』驅動轉子往依定方向旋轉(如圖 12 所示)。

---

[18] 交流馬達則是定子繞組線圈通上交流電，產生旋轉磁場，旋轉磁場吸引轉子一起作旋轉運動

[19] 左手定則是一個在數學及物理學上使用的定則。是由英國電機工程師約翰·弗萊明（John Fleming）於十九世紀末期發明的定則，用來幫助他的學生易如反掌地求出移動於磁場的導體所產生的電動勢的方向

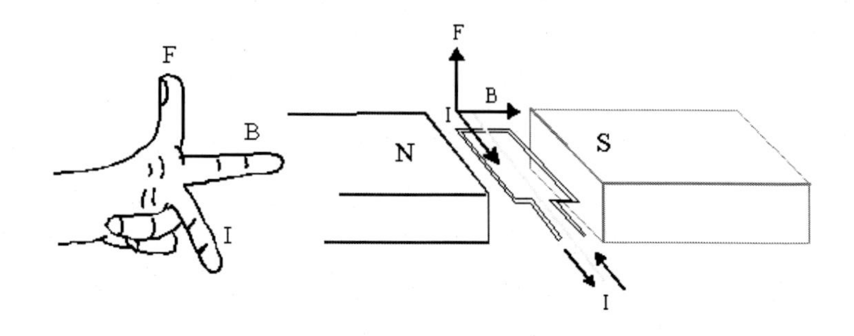

圖 12　弗萊明左手定則示意圖

參考資料：鄒應嶼，電力電子與運動控制實驗室,交通大學電機與控制工程系所(http://pemclab.cn.nctu.edu.tw/PELIB/%E6%8A%80%E8%A1%93%E5%A0%B1%E5%91%8A/TR-001.%E9%9B%BB%E5%8B%95%E6%A9%9F%E6%8E%A7%E5%88%B6%E7%B0%A1%E4%BB%8B/html/)

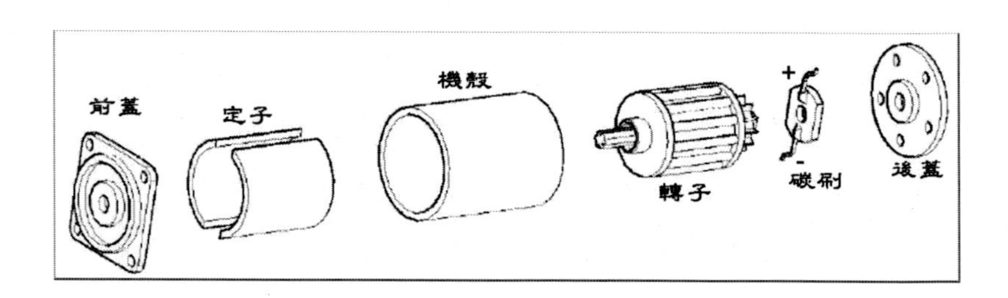

圖 13 馬達構造示意圖

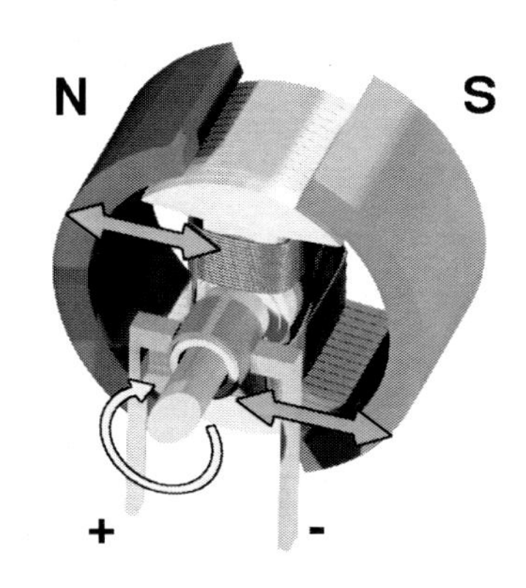

圖 14 直流馬達構造示意圖

發展歷史

- 1834 年，美國鐵匠湯馬斯.達文波特（Thomas Davenport）製作世界上第一台直流電機驅動電動汽車（資料來源：http://www.industryhk.org/tc_chi/fp/fp_hki/files/HKIMAR10_focus_c.pdf）。
- 1870 年代初期，世界上最早可商品化的馬達由比利時電機工程師 Zenobe Theophile Gamme 所發明。
- 1888 年，美國著名發明家尼古拉·特斯拉應用法拉第的電磁感應原理，發明交流馬達，即為感應馬達。
- 1845 年，英國物理學家惠斯頓（Wheatstone）申請線性馬達的專利，但原理於 1960 年代才被重視，而設計了實用性的線性馬達，目前已被廣泛在工業上應用。
- 1902 年，瑞典工程師丹尼爾森利用特斯拉感應馬達的旋轉磁場觀念，發明了同步馬達。
- 1923 年，蘇格蘭人 James Weir French 發明三相可變磁阻型（Variable reluctance）步進馬達。

- 1962 年，藉霍爾元件之助，實用之 DC 無刷馬達終於問世。
- 1980 年代，實用之超音波馬達開始問世。

資料來源：台灣 Wiki

(http://www.twwiki.com/wiki/%E9%9B%BB%E5%8B%95%E9%A6%AC%E9%81%94)

電源分類

表 2 依電源之馬達分類

名稱	特性
直流馬達	使用永久磁鐵或電磁鐵、電刷、整流子等元件，電刷和整流子將外部所供應的直流電源，持續地供應給轉子的線圈，並適時地改變電流的方向，使轉子能依同一方向持續旋轉。
交流馬達	將交流電通過馬達的定子線圈，設計讓周圍磁場在不同時間、不同的位置推動轉子，使其持續運轉
脈衝馬達	電源經過數位 IC 晶片處理，變成脈衝電流以控制馬達，步進馬達就是脈衝馬達的一種。

資料來源：台灣 Wiki

(http://www.twwiki.com/wiki/%E9%9B%BB%E5%8B%95%E9%A6%AC%E9%81%94)

構造分類（直流與交流電源皆有）

表 3 依構造之馬達分類

名稱	特性
同步馬達	特點是恆速不變與不需要調速，起動轉矩小，且當馬達達到運

名稱	特性
	轉速度時，轉速穩定，效率高。
感應馬達	特點是構造簡單耐用，且可使用電阻或電容調整轉速與正反轉，典型應用是風扇、壓縮機、冷氣機
可逆馬達	基本上與感應馬達構造與特性相同，特點馬達尾部內藏簡易的剎車機構(摩擦剎車)，其目的為了藉由加入摩擦負載，以達到瞬間可逆的特性，並可減少感應馬達因作用力產生的過轉量。
步進馬達	特點是脈衝馬達的一種，以一定角度逐步轉動的馬達，因採用開迴路（Open Loop）控制方式處理，因此不需要位置檢出和速度檢出的回授裝置，就能達成精確的位置和速度控制，且穩定性佳。
伺服馬達 (servo motor)	特點是具有轉速控制精確穩定、加速和減速反應快、動作迅速（快速反轉、迅速加速）、小型質輕、輸出功率大（即功率密度高）、效率高等特點，廣泛應用於位置和速度控制上。
線性馬達	具有長行程的驅動並能表現高精密定位能力。
其他	旋轉換流機（Rotary Converter）、旋轉放大機（Rotating Amplifier）等

資料來源：台灣 Wiki

(http://www.twwiki.com/wiki/%E9%9B%BB%E5%8B%95%E9%A6%AC%E9%81%94)

控制馬達介紹

由於直流電機在啟動的瞬間，會有一個大電流的衝擊，很容易損壞直流電機的電刷。因此，直接使用 Arduino 開發板的 TTL 訊號來驅動直流馬達不但無法驅動，嚴重還會直接燒毀 Arduino 開發板。所以我們需要一個大電流與大電壓的馬達驅動器來驅動馬達。

Arduino 開發板若直接控制大電流之電動機都會用到放大電路，原因是 Arduino 開發板大約只有輸出 20mA 的電流，甚至現在講求低功耗的單晶片只有 8mA 或更少，因此我們需要由兩個電晶體組成的電路「達靈頓電路」來做電流放大，一般可以買到封裝過的比如「TIP12X」系列，但這類電晶體並不能控制電流方向，換句話說使用這類電路電動機就只能往單一方向運動，由於需要控制電機的前進、後退、轉彎等行駛方向，如果要改變方向就必須要能改變電流流向，這時就要用到所謂「H Bridge」也就是俗稱的「H 橋」電路。(參考圖 15)

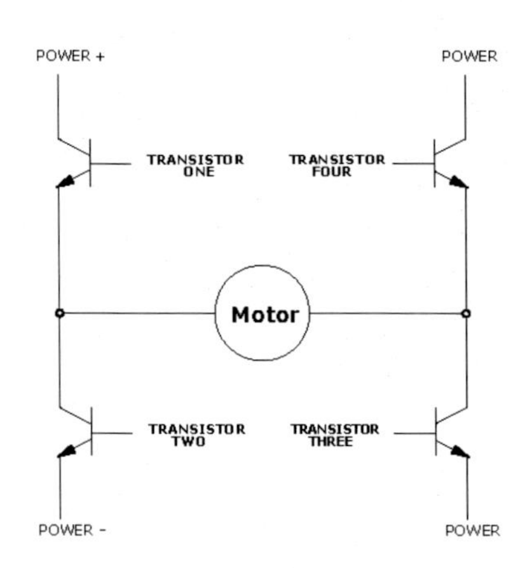

圖 15 H Bridge

為了簡化本書實驗所用的電子線路，市面上有已經將 H 橋電路封裝成 IC 的產品，如 SGS-THOMSON Microelectronics (現為 STMicroelectronics)(L298N, 2013) 生

產的 L298N 全橋式晶片。

本書為了實驗所需，採用 L298N DC 電機驅動板模組，由圖 17 所示，本實驗使用 L298N DC 電機驅動板模組，乃參考 DF Robot 的 Arduino Motor Shield (L298N) (SKU:DRI0009)(*Arduino Motor Shield (L298N)*, 2013)，其相關網址為 http://www.dfrobot.com/wiki/index.php?title=Arduino_Motor_Shield_(L298N)_(SKU:DRI0009)，若有興趣的讀者，可以到其網址觀看相關產品資訊。若對詳細資料有興趣的讀者，可以到 STMicroelectronics 公司網站 http://www.st.com/web/en/home.html 查閱更詳細資料，也可參閱附錄中 L298N 原廠參考手冊。

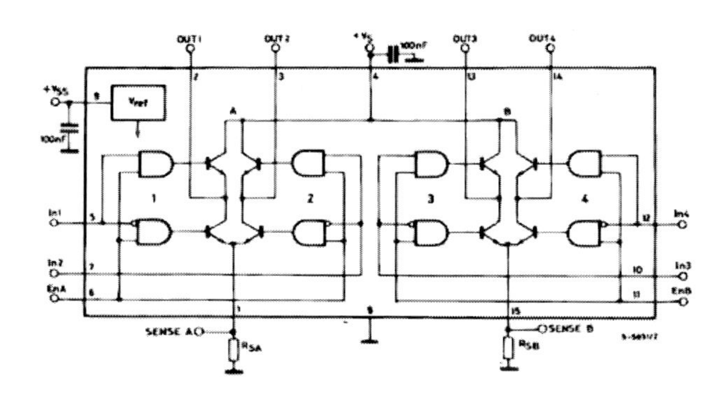

圖 16 L298N Circuit Diagram

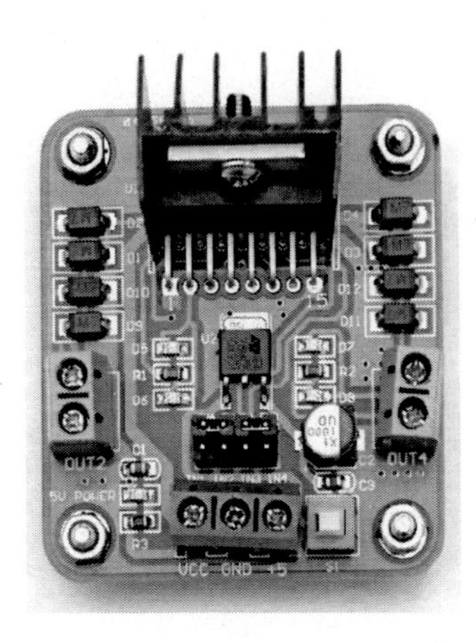

圖 17 L298N DC 電機驅動板模組

由於 Arduino 開發板電力微弱，所以我們不能由 Arduino 開發板直接供電給馬達，由圖 18 所示，建議馬達供電與 Arduino 開發板供電必須要分開，才不會發生電流不穩定造成 Arduino 開發板當機的情況，另外就是要記得將 Arduino 開發板的電源接地腳與馬達電源的接地腳共接，才不會因為 Gnd 電壓不同，導致 Arduino 開發板可能燒毀的情形。

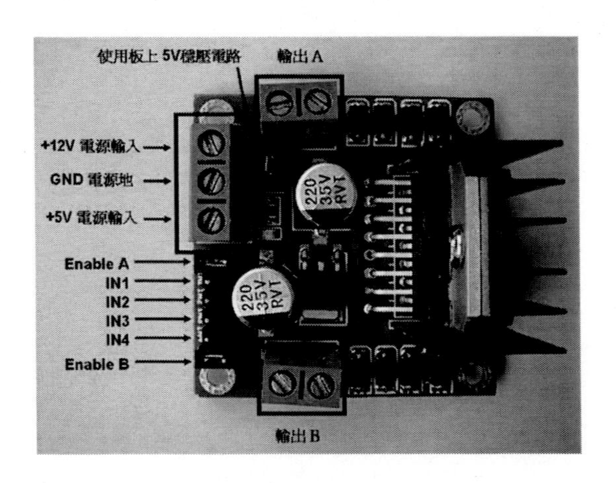

圖 18 L298N DC 電機驅動板模組解說圖

L298N DC 電機驅動板模組規格

模組名稱　雙 H 橋電機驅動模組

工作模式　 H 橋驅動（雙路）

主控晶片 L298N

邏輯電壓 5V

輸入電流：0 ~36mA

驅動馬達電源：+5V ~ + 35V

馬達有效電流：2A(MAX 單橋)

存儲溫度 -20℃ 到 +135℃

最大輸出功率：25W (溫度約 75℃)

控制訊號電壓準位(IN1~IN4)：Low -0.3V ~ 1.5V、High：2.3V ~ Vss

致能訊號腳位(ENA、ENB)：Low -0.3V ~ 1.5V、High：2.3V ~ Vss

重量 30g 週邊尺寸 43*43*27mm

L298N DC 電機驅動板模組特點

1. 使用 ST 公司(L298N, 2013)的 L298N 作為主驅動晶片，具有驅動能力強，發熱量低，抗干擾能力強的特點。
2. 使用 L298N 晶片驅動電機，該晶片可以驅動一台兩相步進電機或四相步進電機，也可以驅動兩台直流電機。
3. 工作電壓高，最高工作電壓可達 46V。
4. 輸出電流大，瞬間峰值電流可達 3A，持續工作電流為 2A。
5. 使用大容量濾波電容，續流保護二極體，可以提高可靠性。
6. 內含兩個 H 橋的高電壓大電流全橋式驅動器，可用來驅動直流電動機和步進電動機、繼電器線圈等。

L298N DC 電機驅動板

由於控制直流電機，需要較大的電流，尤其在啟動的瞬間，會有一個大電流的衝擊，嚴重還會直接燒毀 Arduino 開發板。所以我們需要一個大電流與大電壓的馬達驅動器來驅動馬達，所以本實驗使用 L298N DC 電機驅動板(參考圖 17)來驅動直流馬達，並參考表 4 L298N DC 電機驅動板接腳表完成圖 19。之電路圖。

表 4　L298N DC 電機驅動板接腳表

L298N DC 電機驅動板	Arduino 開發板接腳	解說
+5V	Arduino pin 5V	5V 陽極接點
GND	Arduino pin Gnd	共地接點
In1	Arduino pin 7	控制訊號 1
In2	Arduino pin 6	控制訊號 2
In3	Arduino pin 5	控制訊號 3
In4	Arduino pin 4	控制訊號 4
Out1	第一顆馬達　正極輸入	第一顆馬達
Out2	第一顆馬達　負極輸入	
Out3	第二顆馬達　正極輸入	第二顆馬達
Out4	第二顆馬達　負極輸入	

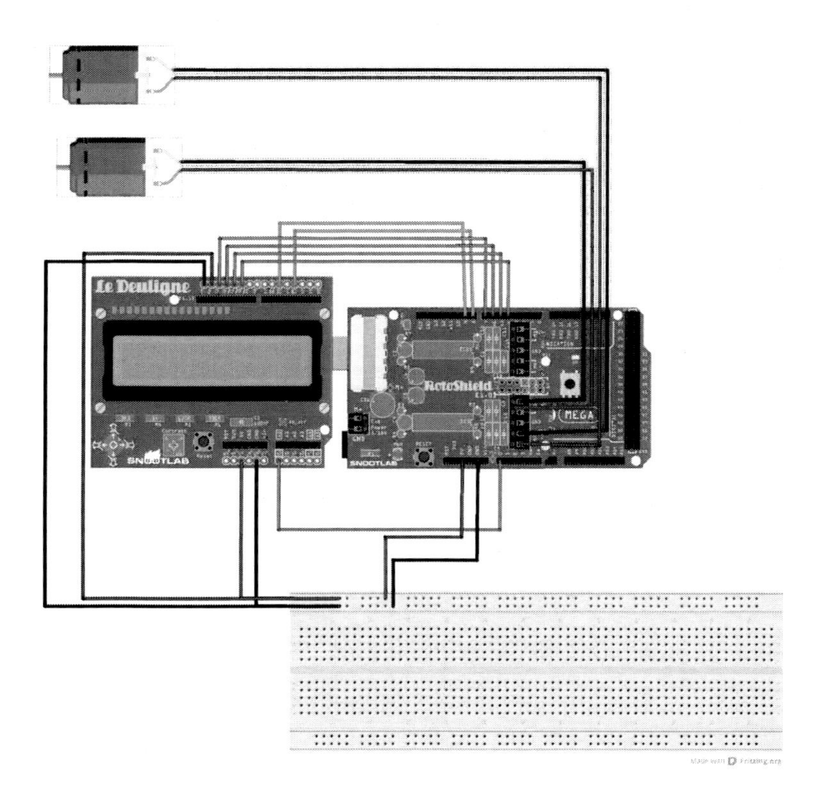

圖 19 L298N DC 電機驅動板接腳圖

使用工具 by Fritzing (Interaction_Design_Lab, 2013)

我們攥寫下列程式之後，將之上載到 Arduino 開發板之後，進行測試：

L298N 直流馬達測試程式一(motortest1)

```
const int motor1a = 7;
const int motor2a = 6;
const int motor3a = 5;
const int motor4a = 4;


 void setup()
 {
   pinMode(motor1a,OUTPUT);
   pinMode(motor2a,OUTPUT);
```

```
    pinMode(motor3a,OUTPUT);
    pinMode(motor4a,OUTPUT);

}

void loop()
{
  digitalWrite(motor1a,HIGH);
    digitalWrite(motor2a,LOW);
    digitalWrite(motor3a,HIGH);
    digitalWrite(motor4a,LOW);
    delay(3000);
    digitalWrite(motor1a,LOW);
    digitalWrite(motor2a,HIGH);
    digitalWrite(motor3a,LOW);
    digitalWrite(motor4a,HIGH);
    delay(3000);
 }
```

執行上述程式後，可見到圖 20 測試結果，可以完整控制兩個輪子前後旋轉，所以 Arduino 開發版與 L298N DC 電機驅動板整合之後，可以輕易驅動直流馬達旋轉，並且透過 H 橋式電路，可以轉換兩端電壓，產生正負極交換的效果，進而驅動馬達正轉或逆轉。

圖 20 馬達測試一結果畫面

由上述程式 Arduino 開發板就可以做到控制大電壓、大電流的馬達，並且可以輕易透過訊號變更，可以驅動馬達正轉、逆轉、停止等基本動作，對本實驗以達到最基本的功能。

章節小結

本章節內容主要是教導讀者如何控制馬達運轉，希望讀者能夠反覆閱讀本章之後，直到了解後才繼續往下實作，繼續進行我們的實驗。

4

CHAPTER

極限偵測

極限偵測

我們為了將實驗完成，但是我們發現馬達行進時，若是無止進的行進或後退，會發現馬達超過邊界，甚至撞機。所以為了預防這樣的問題，我們引入了極限開關(Limit Switch)來偵測邊界碰撞問題，在本章將會學到如何透過極限開關(Limit Switch)來偵測邊界碰撞的需求。

極限開關

極限開關又稱為限制開關(小型極限開關又稱為微動開關(Micro Switch))，係應用機械式原理，改變開關接點狀態，一般應用在自動門、升降機及輸送帶等場所。如圖 21 所示，許觸發開關的地方，為了偵測與觸發的要素，增加了許多不同的機構來增加敏感度。

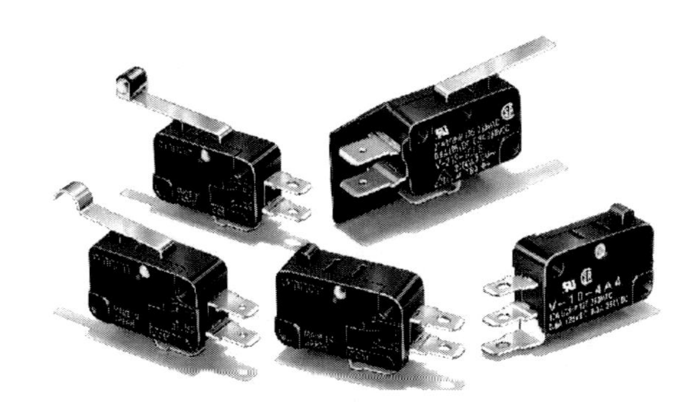

圖 21 極限開關

為了能夠將極限開關(Limit Switch)整合到實驗中，我們參考表 5 之電路接腳，設計了如圖 22 之極限開關實驗一，並攥寫測試程式來測試 Arduino 開發板來偵測極限開關(Limit Switch)觸發情形。若有興趣的讀者，可以依本章內容實驗，或參考附錄資料自行設計或依實際情形修改對應的線路圖。

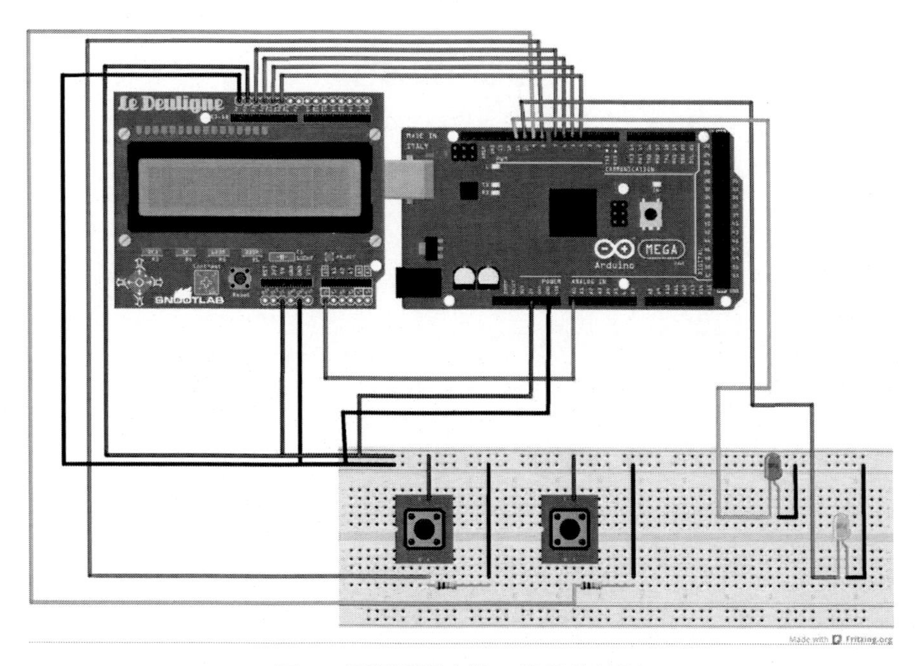

圖 22 極限開關實驗一線路接線圖

使用工具 by Fritzing (Interaction_Design_Lab, 2013)

表 5 極限開關模組接腳表

LED(左邊)	Arduino digital output pin 8	極限開關指示燈
LED(右邊)	Arduino digital output pin 9	
極限開關(左邊)	Arduino digital output pin 10	極限開關
極限開關(右邊)	Arduino digital output pin 11	
5V	Arduino pin 5V	5V 陽極接點
GND	Arduino pin Gnd	共地接點

將 Arduino 開發板與極限開關模組，參考表 5 之接腳圖，完成如圖 22 之極限開關實驗一之硬體線路之後，我們將下列的測試程式，撰寫在 Arduino sketch 上，並進行編譯與上傳到 Arduino 開發板，進行極限開關實驗一的實驗。

極限開關實驗一測試程式(checkhit01)

```
#define leftLedpin 8
#define rightLedpin 9
#define leftSwitchpin 10
#define rightSwitchpin 11
int Motor1direct = 1 ;
void initall()
{
 // init motor direction Led output
    pinMode(leftLedpin,OUTPUT);
    pinMode(rightLedpin,OUTPUT);
 // init motor direction Led output
    pinMode(leftSwitchpin,INPUT);
    pinMode(rightSwitchpin,INPUT);
//-----------
    digitalWrite(leftLedpin,LOW );
    digitalWrite(rightLedpin,LOW );

}
 void setup()
 {
  initall();
   //init serial for debug
Serial.begin(9600);
Serial.println("program start here ");
 }

 void loop()
 {
    if (checkLeft())
      {
         Serial.println("Hit left ");
      }
    if (checkRight())
      {
         Serial.println("Hit Right ");
      }
```

極限開關實驗一測試程式(checkhit01)

```
 delay(200);
 }

boolean checkLeft()
{
   boolean tmp = false ;
   if (digitalRead(leftSwitchpin) == HIGH)
   {
        digitalWrite(leftLedpin,HIGH );
        tmp = true    ;
   }
   else
   {
        digitalWrite(leftLedpin,LOW );
        tmp = false    ;
   }
   return (tmp) ;
}
boolean checkRight()
{
   boolean tmp = false ;
   if (digitalRead(rightSwitchpin) == HIGH)
   {
        digitalWrite(rightLedpin,HIGH );
        tmp = true    ;
   }
   else
   {
        digitalWrite(rightLedpin,LOW );
        tmp = false    ;
   }
   return (tmp) ;
}
```

由圖 23 所示，可以看到 Arduino 開發板透過極限開關模組，只要碰觸左右邊界的極限開關，就可以看到紅色 led 燈(左邊)，與綠色 led 燈(右邊)，在碰觸左右邊界的極限開關時，對應的 Led 等就會亮起來，並且在 Arduino 開發環境中，監控畫面會列印出"hit left"或"hit Right"的字句。

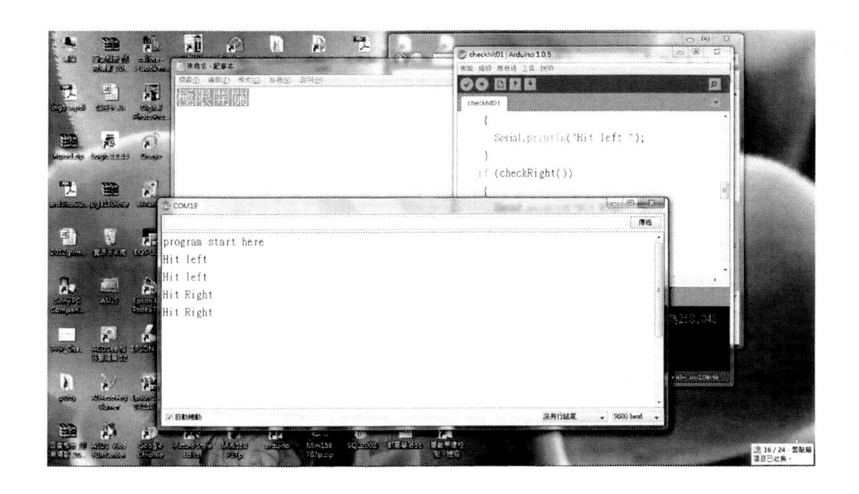

圖 23 極限開關實驗一展示圖

加入極限開關偵測之馬達行進控制

我們了解到了極限開關(Limit Switch)的基本電路後，我們要介紹如何將它應用到馬達的控制之中。首先我們使用 L298N 馬達驅動模組來驅動馬達，讀者對於這部分不了解的地方，請參閱本書『馬達』一章中，L298N DC 電機驅動板部分的內容。

首先，先參考表 6 的接腳表，將圖 24 的線路組裝出來，主要就是在馬達一行進之中，若往前(代表向右)，碰到右極限開關後，怎馬達改變方向，往後退。再往後退時(代表向左)，碰到左極限開關後，怎馬達改變方向，往前進。

表 6 極限開關模組整合 L298N 與 Arduoino 開發板接腳表

LED(左邊)	Arduino digital output pin 8	極限開關指示燈

LED(右邊)	Arduino digital output pin 9	
極限開關(左邊)	Arduino digital output pin 10	極限開關
極限開關(右邊)	Arduino digital output pin 11	
5V	Arduino pin 5V	5V 陽極接點
GND	Arduino pin Gnd	共地接點
+%V	Arduino pin 5V	5V 陽極接點
GND	Arduino pin Gnd	共地接點
In1	Arduino pin 7	控制訊號 1
In2	Arduino pin 6	控制訊號 2
In3	Arduino pin 5	控制訊號 3
In4	Arduino pin 4	控制訊號 4
Out1	第一顆馬達　正極輸入	第一顆馬達
Out2	第一顆馬達　負極輸入	
Out3	第二顆馬達　正極輸入	第二顆馬達
Out4	第二顆馬達　負極輸入	

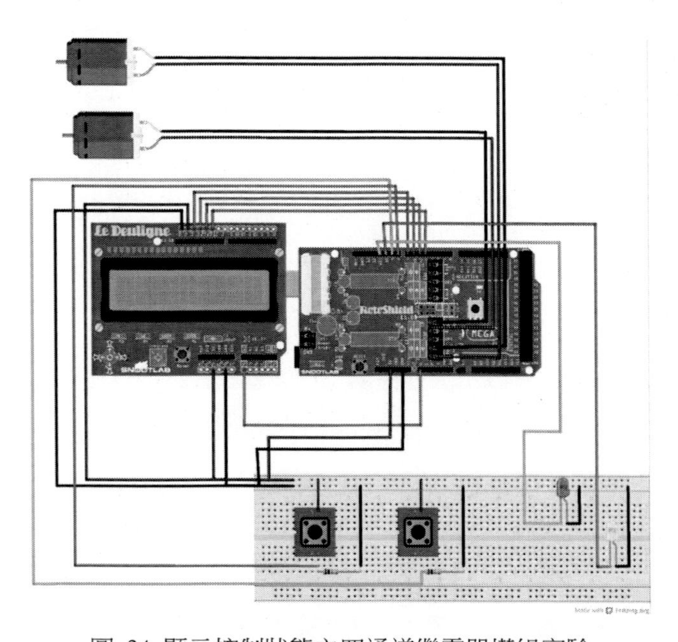

圖 24 顯示控制狀態之四通道繼電器模組實驗

使用工具 by Fritzing (Interaction_Design_Lab, 2013)

我們依據上面的線路與需求，攥寫下列程式，並上載到 Arduino 開發版的 Sketch 之中，編譯完成厚，燒入 Arduino 開發版進行測試。

極限開關實驗二測試程式(checkhit02)

```
#define motor1a 7
#define motor1b 6
#define motor2a 5
#define motor2b 4
#define leftLedpin 8
#define rightLedpin 9
#define leftSwitchpin 10
#define rightSwitchpin 11
int Motor1direction = 1 ;
void initall()
{
 // init motor pin as output
    pinMode(motor1a,OUTPUT);
    pinMode(motor1b,OUTPUT);
    pinMode(motor2a,OUTPUT);
    pinMode(motor2b,OUTPUT);
 // init motor direction Led output
    pinMode(leftLedpin,OUTPUT);
    pinMode(rightLedpin,OUTPUT);
 // init motor direction Led output
    pinMode(leftSwitchpin,INPUT);
    pinMode(rightSwitchpin,INPUT);
//-----------
    digitalWrite(leftLedpin,LOW );
    digitalWrite(rightLedpin,LOW );

}
 void setup()
 {
  initall();
    //init serial for debug
```

極限開關實驗二測試程式(checkhit02)

```
Serial.begin(9600);
Serial.println("program start here ");
 }

 void loop()
 {
  // Serial.println("Motor1 Forward ");
   if (checkLeft())
    {
      if (Motor1direction == 2)
      {
            Serial.println("Hit left ");
            Motor1direction = 1;
      }
    }
   if (checkRight())
    {
      if (Motor1direction == 1)
      {
            Serial.println("Hit Right ");
            Motor1direction = 2;
      }
    }

    if (Motor1direction == 1)
    {
       Motor1Forward();
    }
    else
    {
       Motor1Backward();
    }

  delay(100);
 }
```

極限開關實驗二測試程式(checkhit02)

```
 void Motor1Forward()
 {
   digitalWrite(motor1a,HIGH);
   digitalWrite(motor1b,LOW);
 }
 void Motor1Backward()
 {
   digitalWrite(motor1a,LOW );
   digitalWrite(motor1b,HIGH);
 }
boolean checkLeft()
{
  boolean tmp = false ;
  if (digitalRead(leftSwitchpin) == HIGH)
  {
      digitalWrite(leftLedpin,HIGH );
      tmp = true   ;
  }
  else
  {
      digitalWrite(leftLedpin,LOW );
      tmp = false   ;
  }
  return (tmp) ;
}
boolean checkRight()
{
  boolean tmp = false ;
  if (digitalRead(rightSwitchpin) == HIGH)
  {
      digitalWrite(rightLedpin,HIGH );
      tmp = true   ;
  }
  else
  {
      digitalWrite(rightLedpin,LOW );
```

極限開關實驗二測試程式(checkhit02)
tmp = false ; } return (tmp) ; }

我們可以見到圖 25 所示，可以行進之後，碰觸右極限開關與左極限開關後可以改變行進方向與顯示訊息在監控畫面之上。

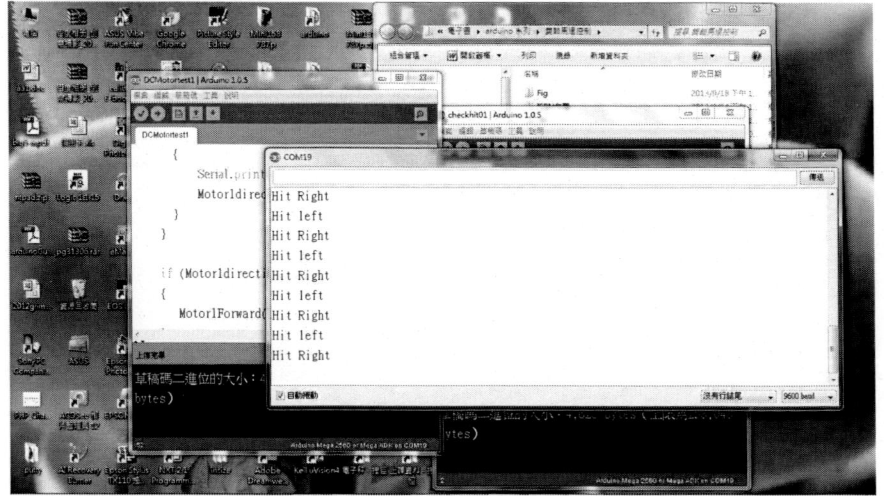

圖 25 顯示控制狀態之四通道繼電器模組實驗狀況

最後我們發現一切都按照我們設計的程式流程運行，這個階段的實驗便告一個段落。

章節小結

本章節整合馬達控制，透過極限開關的機構，在馬達行進時，發現馬達超過邊界，甚至在撞機前。碰觸極限開關(Limit Switch)後產生 On/Off 的訊號，通知 Arduino 開發板了解到已到達邊界，可能需要改變方向或變更動作。

所以本章對於極限開關(Limit Switch)來偵測邊界碰撞問題，我們學到如何透過極限開關(Limit Switch)來偵測邊界碰撞的需求，相信讀者參閱本章節之後， 應該對於『極限開關(Limit Switch)』的應用，有相當的了解，這個階段的實驗便告一個段落。

5
CHAPTER

光遮斷器

光遮斷器

我們為了將實驗完成，但是我們發現進紙馬達行進時，無法知道何時進紙完成，進紙馬達若是無止進的行進，也無法知道何時進紙完成，可以開始列印(就是噴墨頭驅動馬達可以開始動)。而在紙張進紙後，噴墨頭開始左右行進，直到紙張到底後，必須停止列印(就是噴墨頭驅動馬達必須關閉)。

為了能夠偵測進紙，必須能夠感測進紙，本實驗使用光遮斷器(Photointerrupter)來感測進紙橫桿是否被進紙動作所驅動(如圖 26 所示)，進而遮避掉光遮斷器(Photointerrupter)。

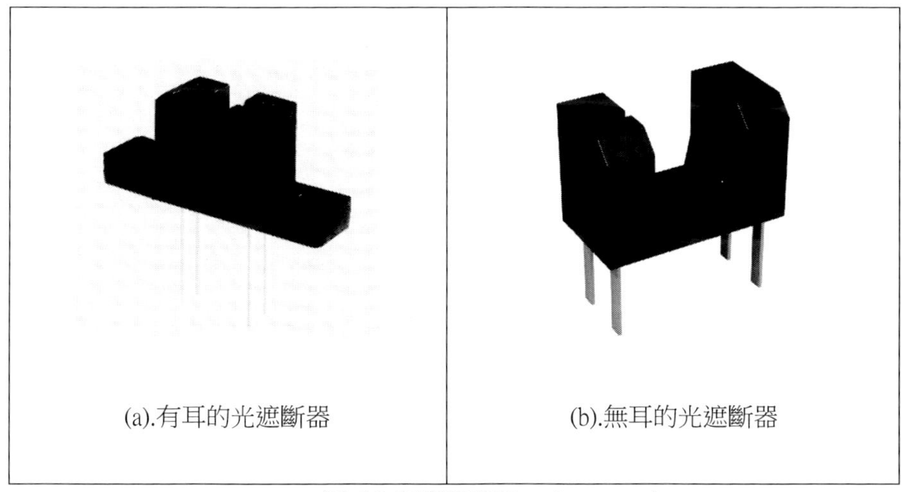

(a).有耳的光遮斷器　(b).無耳的光遮斷器

圖 26 光遮斷器(Photointerrupter)

光遮斷器

光遮斷器特性

光遮斷器通常是用來判斷是否有物體通過的裝置，光遮斷器的組成要件是發光二極體和光電晶體，將兩者相對分立包裝在同一基座上，如發光與受光元件分別為不同裝置時，放於不同地點時，受光於發光方向可容易感應發光存在，此時可視為通路(Normal Close)。

光遮斷器(Photointerrupter[20])的原理，一般而言，光遮斷器有兩端，如圖 27 所示，一端(左端)為紅外線發射端，一端為接收端(右端)。發射及接收會使接收端的電晶體 Collector 與 Emitter 導通(參考圖 28)。發光二極體發射紅外線光使 NPN 電晶體導通時，則 Collector(C)與 Emitter(E)導通，可以透過 I/O 訊號讀入為高電位(TTL High) ，若中間有遮蔽物擋住，則 Collector(C)與 Emitter(E)不導通，可以透過 I/O 訊號讀入為低電位(TTL Low) ，如此一來就可以了解到光遮斷器(Photointerrupter) 是否被遮蔽。

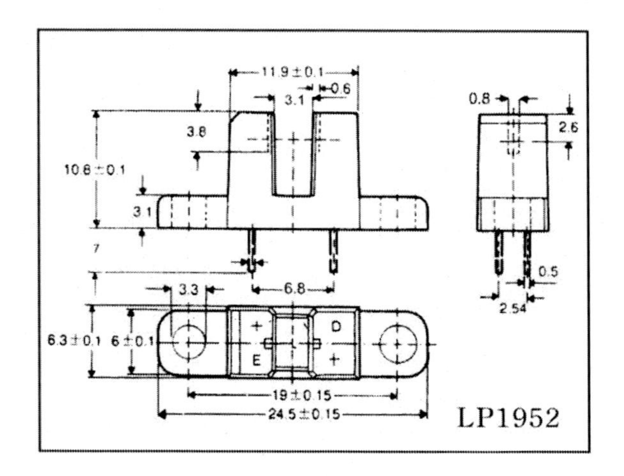

圖 27 光遮斷器三視圖

資料來源：(*PHOTO INTERRUPTER*, 2013)

---

[20] A photo interrupter is an opto-electronic sub-system composed of an optical emitter and a detector with amplifier, typically with only logic level electrical output. The emitter uses simple beam forming optics to project light onto the detector, both elements being mechanically positioned with a fixed gap between them. The detector then can be used to sense if the free path between the emitter and the detector is blocked. When the beam path is blocked by an opaque object the logic output state switches, thus providing a non-contact presence sensor for automation. Transition edges can be used to trigger a signal to notify the receivers when some one passes the path.

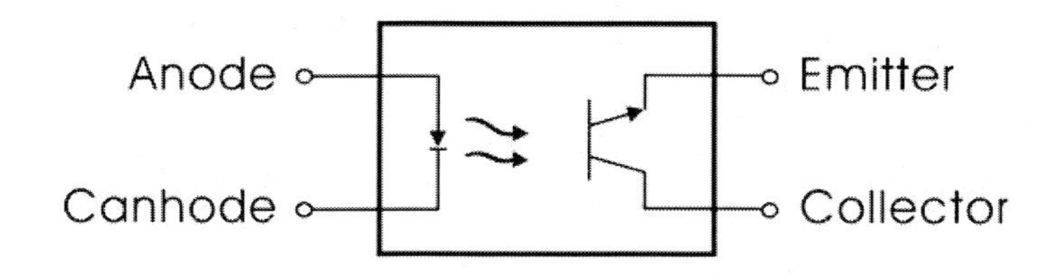

圖 28 光遮斷器一般接腳圖

資料來源：(*PHOTO INTERRUPTER*, 2013)

光遮斷器使用方法

第一步實驗為了能夠使用光遮斷器(Photointerrupter)，我們參考表 7 之電路接腳，設計了如圖 29 之光遮斷器實驗一，並攥寫測試程式來測試 Arduino 開發板來偵測光遮斷器(Photointerrupter)觸發情形。若有興趣的讀者，可以依本章內容實驗，或參考附錄資料自行設計或依實際情形修改對應的線路圖。

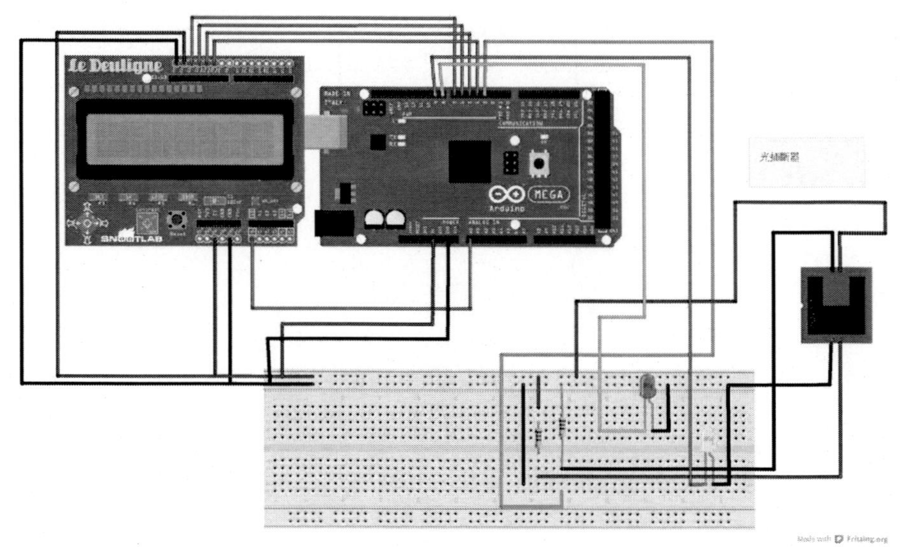

圖 29 光遮斷器實驗一線路接線圖

使用工具 by Fritzing (Interaction_Design_Lab, 2013)

表 7 光遮斷器模組接腳表

Anode	連接 500 歐姆電阻後連+5V	光遮斷器
Canhode	Arduino pin Gnd	
Emitter	Arduino pin Gnd	
Collector	連接 5K 歐姆電阻後連+5V	
Collector	Arduino digital output pin 3	光遮斷器訊號輸出
LED 燈	Arduino 開發板接腳	解說
GND	所有 LED 燈接第	共地接點
綠色 LED	Arduino digital output pin 8	綠色 LED +5V
紅色 LED	Arduino digital output pin 9	紅色 LED +5V

將 Arduino 開發板與光遮斷器(Photointerrupter)，完成如圖 29 之光遮斷器實驗一之硬體線路之後，我們將下列的測試程式，撰寫在 Arduino sketch 上，並進行

編譯與上傳到 Arduino 開發板，進行極限開關實驗一的實驗。

光遮斷器實驗一測試程式(photointr01)

```
#define GreenLedpin 8
#define RedLedpin 9
#define Sensorpin 3
void initall()
{
 // init Sensorpin    as output    and input
    pinMode(GreenLedpin,OUTPUT);
    pinMode(RedLedpin,OUTPUT);
    pinMode(Sensorpin,INPUT);
//-----------
    digitalWrite(GreenLedpin,LOW );
    digitalWrite(RedLedpin,LOW );


}
 void setup()
 {
  initall();
    //init serial for debug
Serial.begin(9600);
Serial.println("program start here ");
 }

 void loop()
 {


    if (checkSensor())
      {
              Serial.println("Photointerrupter interrupted");
      }
    else
      {
              Serial.println("Photointerrupter not interrupted");
      }
```

光遮斷器實驗一測試程式(photointr01)

```
  delay(500);
 }

boolean checkSensor()
{
  boolean tmp = false ;
  if (digitalRead(Sensorpin) == HIGH)
  {
      digitalWrite(GreenLedpin,HIGH );
      digitalWrite(RedLedpin,LOW );
      tmp = false    ;
  }
  else
  {
      digitalWrite(GreenLedpin,LOW );
      digitalWrite(RedLedpin,HIGH );
      tmp = true    ;
  }
  return (tmp) ;
}
```

由圖 30 所示，可以看到 Arduino 開發板透過光遮斷器(Photointerrupter)模組，只要有任何不透光的物品通過光遮斷器(Photointerrupter)中間的通道，就可以看到紅色 led 燈亮起，若光遮斷器(Photointerrupter)中間的通道沒有東西通過時，則綠色 led 燈亮起，，並且在 Arduino 開發環境中，監控畫面會列印出""Photointerrupter interrupted""或"Photointerrupter not interrupted"的字句。

圖 30 光遮斷器實驗一展示圖

章節小結

本章節整合馬達控制，通常馬達驅動時，其機構常會帶動某些物品行進或移動，如何確定這些物品是否真的如設計的再行進，我們常常使用光遮斷器(Photointerrupter)來偵測這些物品是否真的如設計的再行進，若物品有行進時，必定會產生阻礙光遮斷器(Photointerrupter)的紅外線接收器接收紅外線發射器的光線，如此一來，在光遮斷器(Photointerrupter)中間的通道沒有阻斷時，送出 HIGH 的訊號，另外，在光遮斷器(Photointerrupter)中間的通道阻斷時，送出 LOW 的訊號，如此一來，便可以有效偵測實體物體行進。

所以本章對於光遮斷器(Photointerrupter)來偵測物體移動行進的問題，我們學到如何透過光遮斷器(Photointerrupter)來偵測物體真實行進或移動的需求，相信讀者參閱本章節之後， 應該對於『光遮斷器(Photointerrupter)』的應用，有相當的了解，這個階段的實驗便告一個段落。

CHAPTER

讓列表機動起來

讓列表機動起來

本章開宗明義就是讓列表機動起來，才能稱作『列表機』，所以驅動馬達的基本功能是非常必要的功能。所以本章主要介紹如何引入『驅動馬達』的功能，並加入到本書實驗之中。

加入極限開關偵測之列表機控制

我們了解到了極限開關(Limit Switch)的基本電路後，我們要介紹如何將它應用到馬達的控制之中。首先我們使用極限開關(Limit Switch)將它裝置噴墨頭左方與右方，如圖 31 所示。

圖 31 裝置上極限開關之列表機

參考『極限偵測』一章中，在極限開關實驗二中，將左極限開關裝入圖 32(a)圖之中，另外一顆右極限開關裝入圖 32(b)圖之中，完成極限開關的實體設置，如此一來，在列表機噴墨頭左右行進之間，可以確認定位到左邊與右邊的位置。

至於動力部分，則還是使用 L298N 馬達驅動模組來驅動馬達，讀者對於這部分不了解的地方，請參閱本書『馬達』一章中，L298N DC 電機驅動板部分的內容。

(a).左極限開關

(b).右極限開關

圖 32 列表機之極限開關裝置

接下來，參考表 8 的接腳表，將圖 33 的線路組裝出來，主要就是在噴墨頭驅動馬達在左右行進之中，若往前(代表向右)，碰到右極限開關後，則馬達改變方向，往另一個方向行進：往後退行進(代表向左)，碰到左極限開關後，則馬達在改變方向，再往前(代表向右)行進，如此右、左、右、左、反覆不已，如同噴墨列表機在列印時的噴頭驅動方式一樣。

表 8 整合極限開關之列表機與 Arduoino 開發板接腳表

LED(左邊)	Arduino digital output pin 8	極限開關指示燈
LED(右邊)	Arduino digital output pin 9	
極限開關(左邊)	Arduino digital output pin 10	極限開關
極限開關(右邊)	Arduino digital output pin 11	
5V	Arduino pin 5V	5V 陽極接點
GND	Arduino pin Gnd	共地接點
L298N 電機驅動板	Arduino 開發板接腳	解說
＋5V	Arduino pin 5V	5V 陽極接點
GND	Arduino pin Gnd	共地接點
In1	Arduino pin 7	控制訊號 1
In2	Arduino pin 6	控制訊號 2
In3	Arduino pin 5	控制訊號 3

In4	Arduino pin 4	控制訊號 4
Out1	第一顆馬達　正極輸入	第一顆馬達
Out2	第一顆馬達　負極輸入	
Out3	第二顆馬達　正極輸入	第二顆馬達
Out4	第二顆馬達　負極輸入	
列表機進紙偵測	Arduino 開發板接腳	解說
+5V	Arduino pin 5V	5V 陽極接點
GND	Arduino pin Gnd	共地接點
Dout	Arduino pin 3	進紙插斷訊號

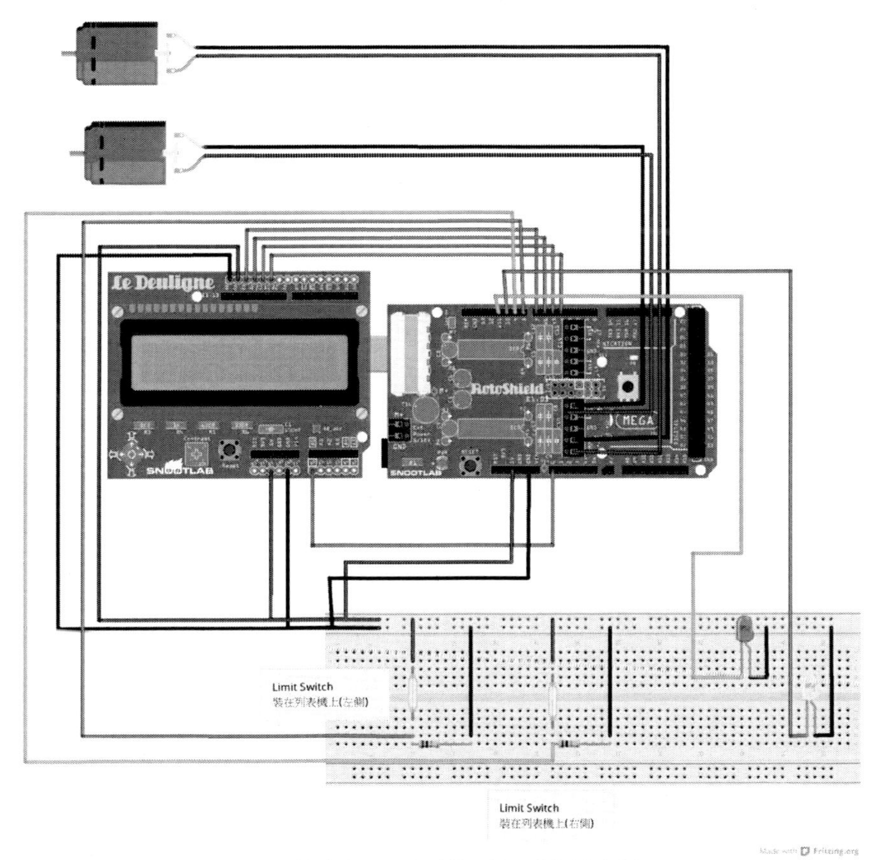

圖 33 整合極限開關偵測之列表機實驗

使用工具 by Fritzing (Interaction_Design_Lab, 2013)

我們依據上面的線路與需求，攥寫下列程式，並上載到 Arduino 開發版的 Sketch 之中，編譯完成厚，燒入 Arduino 開發版進行測試。

整合極限開關偵測之列表機實驗一測試程式(printer01)

```
#define motor1a 7
#define motor1b 6
#define motor2a 5
#define motor2b 4
#define leftLedpin 8
#define rightLedpin 9
#define leftSwitchpin 10
#define rightSwitchpin 11
int Motor1direction = 1 ;
void initall()
{
  // init motor pin as output
     pinMode(motor1a,OUTPUT);
     pinMode(motor1b,OUTPUT);
     pinMode(motor2a,OUTPUT);
     pinMode(motor2b,OUTPUT);
  // init motor direction Led output
     pinMode(leftLedpin,OUTPUT);
     pinMode(rightLedpin,OUTPUT);
  // init motor direction Led output
     pinMode(leftSwitchpin,INPUT);
     pinMode(rightSwitchpin,INPUT);
//-----------
     digitalWrite(leftLedpin,LOW );
     digitalWrite(rightLedpin,LOW );

}
  void setup()
  {
   initall();
     //init serial for debug
Serial.begin(9600);
Serial.println("program start here ");
  }
```

整合極限開關偵測之列表機實驗一測試程式(printer01)

```
void loop()
{
  // Serial.println("Motor1 Forward ");
   if (checkLeft())
     {
        if (Motor1direction == 2)
        {
              Serial.println("Hit left ");
              Motor1direction = 1;
        }
     }
   if (checkRight())
     {
        if (Motor1direction == 1)
        {
              Serial.println("Hit Right ");
              Motor1direction = 2;
        }
     }

    if (Motor1direction == 1)
     {
        Motor2Forward();
     }
    else
     {
        Motor2Backward();
     }
    Motor1Forward();
  delay(100);
}

void Motor1Forward()
{
   digitalWrite(motor1a,HIGH);
```

整合極限開關偵測之列表機實驗一測試程式(printer01)

```
    digitalWrite(motor1b,LOW);
  }
  void Motor1Backward()
  {
    digitalWrite(motor1a,LOW );
    digitalWrite(motor1b,HIGH);
  }
  void Motor2Forward()
  {
    digitalWrite(motor2a,HIGH);
    digitalWrite(motor2b,LOW);
  }
  void Motor2Backward()
  {
    digitalWrite(motor2a,LOW );
    digitalWrite(motor2b,HIGH);
  }

boolean checkLeft()
{
  boolean tmp = false ;
  if (digitalRead(leftSwitchpin) == HIGH)
  {
      digitalWrite(leftLedpin,HIGH );
      tmp = true    ;
  }
  else
  {
      digitalWrite(leftLedpin,LOW );
      tmp = false    ;
  }
  return (tmp) ;
}
boolean checkRight()
{
  boolean tmp = false ;
```

整合極限開關偵測之列表機實驗一測試程式(printer01)

```
  if (digitalRead(rightSwitchpin) == HIGH)
  {
      digitalWrite(rightLedpin,HIGH );
      tmp = true    ;
  }
  else
  {
      digitalWrite(rightLedpin,LOW );
      tmp = false    ;
  }
  return (tmp) ;
}
```

我們可以見到圖 34 所示，可以行進之後，碰觸右極限開關與左極限開關後可以改變行進方向，可以見到噴墨列表機之噴墨頭反覆左右來回的行進。

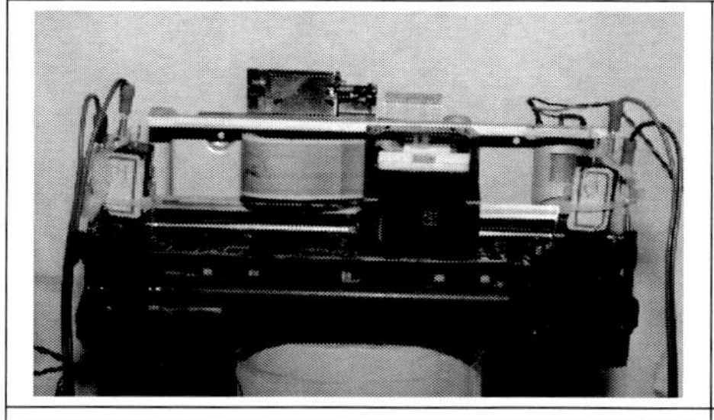
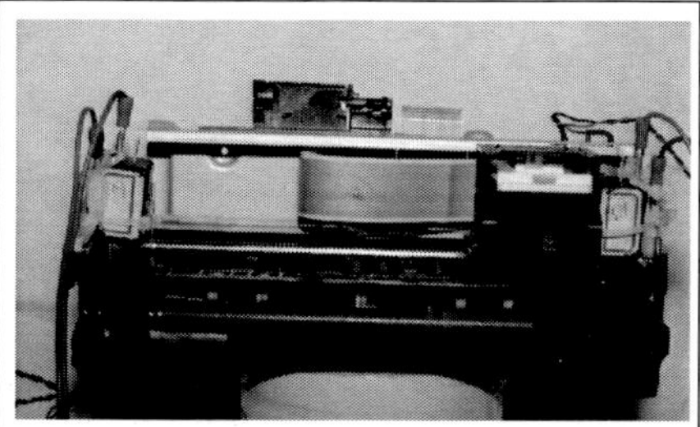
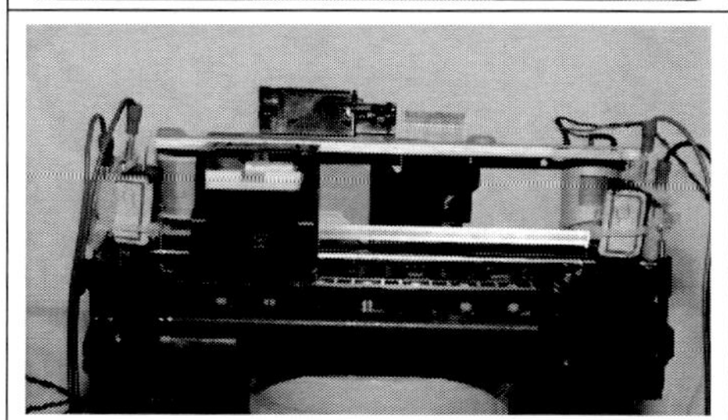
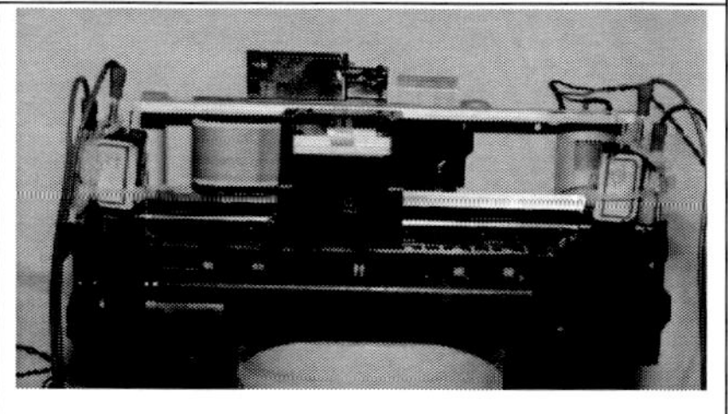

圖 34 噴墨列表機噴墨頭來回行進圖

加入光遮斷器偵測之列表機控制

我們了解到了光遮斷器(Photointerrupter)的基本電路後，若讀者對光遮斷器(Photointerrupter)仍有不了解之處，請參考『光遮斷器』一章中，對於光遮斷器(Photointerrupter)的介紹的相關章節。

基本上，本實驗使用的噴列列表機 A310，在進紙部份，A310 噴墨列表機底部本身就有進紙偵測光遮斷器，如圖 35 所示：圖 35 -(a)為光遮斷器模組，圖 35 -(b)為偵測進紙是否就緒之偵測橫桿模組，圖 35 -(c)為完整之進紙偵測機構。

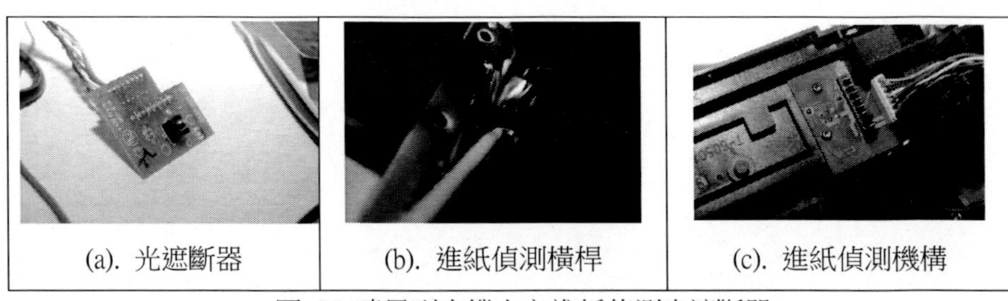

(a). 光遮斷器　(b). 進紙偵測橫桿　(c). 進紙偵測機構

圖 35 噴墨列表機上之進紙偵測光遮斷器

接下來，參考表 8 的接腳表，將圖 36 的線路組裝出來，本次實驗主要是進紙偵測機構的部份，在機器啟動時透過進紙偵測機構偵測是否有紙張卡紙，若有紙張卡紙，則先行啟動進紙馬達，將紙張送出。

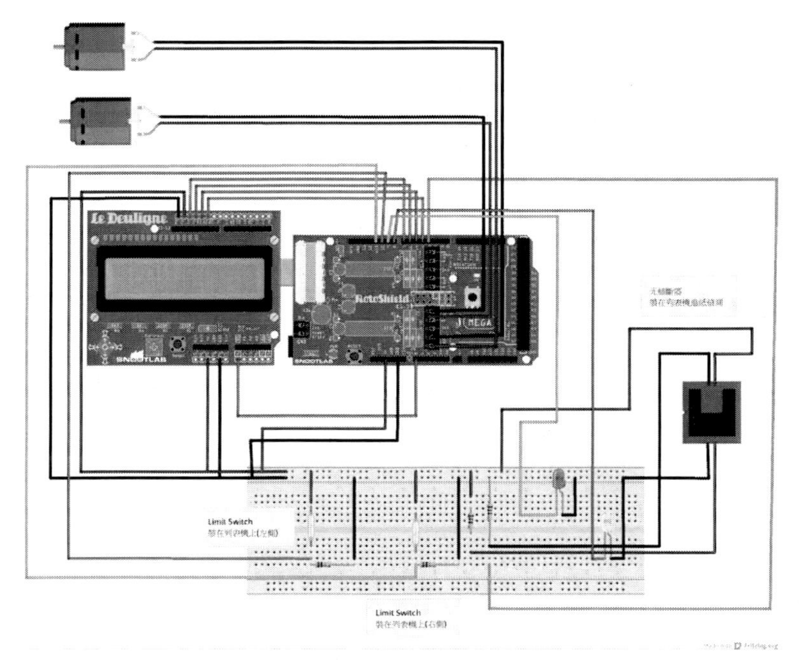

圖 36 整合進紙偵測機構之列表機實驗

使用工具 by Fritzing (Interaction_Design_Lab, 2013)

我們依據上面的線路與需求，攥寫下列程式，並上載到 Arduino 開發版的 Sketch 之中，編譯完成厚，燒入 Arduino 開發版進行測試。

整合進紙偵測機構之列表機實驗測試程式一(printer02)

```
#define motor1a 7
#define motor1b 6
#define motor2a 5
#define motor2b 4
#define leftLedpin 8
#define rightLedpin 9
#define leftSwitchpin 10
#define rightSwitchpin 11
#define Sensorpin 3
int Motor1direction = 1 ;
void initall()
{
```

整合進紙偵測機構之列表機實驗測試程式一(printer02)

```
 // init motor pin as output
    pinMode(motor1a,OUTPUT);
    pinMode(motor1b,OUTPUT);
    pinMode(motor2a,OUTPUT);
    pinMode(motor2b,OUTPUT);
 // init motor direction Led output
    pinMode(leftLedpin,OUTPUT);
    pinMode(rightLedpin,OUTPUT);
 // init motor direction Led output
    pinMode(leftSwitchpin,INPUT);
    pinMode(rightSwitchpin,INPUT);
//-----------
    digitalWrite(leftLedpin,LOW );
    digitalWrite(rightLedpin,LOW );
//------------
 pinMode(Sensorpin,INPUT);
}
 void setup()
 {
    boolean chkflag ;
   initall();
    //init serial for debug
Serial.begin(9600);
Serial.println("program start here ");
checkpaperjam();


  }


 void loop()
 {
  /*
    // Serial.println("Motor1 Forward ");
    if (checkLeft())
      {
        if (Motor1direction == 2)
```

整合進紙偵測機構之列表機實驗測試程式一(printer02)

```
        {
            Serial.println("Hit left ");
            Motor1direction = 1;
        }
    }
    if (checkRight())
    {
        if (Motor1direction == 1)
        {
            Serial.println("Hit Right ");
            Motor1direction = 2;
        }
    }

    if (Motor1direction == 1)
    {
        Motor2Forward();
    }
    else
    {
        Motor2Backward();
    }
    Motor1Forward();
  */
  delay(100);

}

void Motor1Forward()
{
  digitalWrite(motor1a,HIGH);
  digitalWrite(motor1b,LOW);
}
void Motor1Backward()
{
  digitalWrite(motor1a,LOW );
```

整合進紙偵測機構之列表機實驗測試程式一(printer02)

```
    digitalWrite(motor1b,HIGH);
 }
 void Motor1Stop()
 {
    digitalWrite(motor1a,LOW );
    digitalWrite(motor1b,LOW);
 }

 void Motor2Forward()
 {
    digitalWrite(motor2a,HIGH);
    digitalWrite(motor2b,LOW);
 }
 void Motor2Backward()
 {
    digitalWrite(motor2a,LOW );
    digitalWrite(motor2b,HIGH);
 }

boolean checkLeft()
{
   boolean tmp = false ;
   if (digitalRead(leftSwitchpin) == HIGH)
   {
       digitalWrite(leftLedpin,HIGH );
       tmp = true    ;
   }
   else
   {
       digitalWrite(leftLedpin,LOW );
       tmp = false    ;
   }
   return (tmp) ;
}
boolean checkRight()
{
```

整合進紙偵測機構之列表機實驗測試程式一(printer02)

```
  boolean tmp = false ;
  if (digitalRead(rightSwitchpin) == HIGH)
  {
      digitalWrite(rightLedpin,HIGH );
      tmp = true   ;
  }
  else
  {
      digitalWrite(rightLedpin,LOW );
      tmp = false   ;
  }
  return (tmp) ;
}

boolean checkSensor()
{
  boolean tmp = false ;
  if (digitalRead(Sensorpin) == HIGH)
  {
      tmp = false   ;
  }
  else
  {
      tmp = true   ;
  }
  return (tmp) ;
}

void checkpaperjam()
{
   boolean chkflag ;
Serial.println("Paper Jam Checking...");
chkflag   = checkSensor() ;
    if (checkSensor())
       // paper is in paper tray , and do feed paper
      while(checkSensor())
```

整合進紙偵測機構之列表機實驗測試程式一(printer02)

```
      {
         Motor1Forward();
        chkflag   = checkSensor() ;
        Serial.println("paper feeding....");
      }
      Motor1Stop() ;

}
```

我們可以見到圖 37 所示，噴墨列表機啟動時，會先行透過進紙偵測模組，偵測列表機啟動時，是否已有紙張在列印行徑中，若有，則啟動進紙馬達，把卡紙推出列表機機體之外，該程式模組會一直驅動進紙馬達將卡紙推出直到進紙偵測模組感應到已無紙張存在列印行徑。

圖 37 噴墨列表機進紙偵測(進紙卡紙)

循序式控制之列表機列印

我們為了了解列表機的機械動作。所以本研究參考圖 38 程式流程圖，其綠步驟如下：

1. 一開始希望透進紙槽沒有紙過，則利用 CheckSensor()函數檢查進紙槽，使用 CheckSensor()檢查進紙槽內是否有紙張，High 代表有紙，Low 代表無紙，整個檢查流程為 CheckPaperJam()函數模組。
2. 卡指問題排除之後，為了開始列印準備，使用 PaperHeadReady(),驅動噴墨頭馬達帶動噴墨頭，利用 checkLeft()檢查噴墨頭是否定位到最左邊。如不是，則噴墨頭繼續向左移動，如果 checkLeft()檢查結果國維真，則噴墨頭定位完成。
3. 列印開始後必須將紙張進紙到列印等待點，PaperReady()為止進紙待緒的模組。首先使用進紙馬達將列印帶入進紙槽。一片進紙一面透過 CheckSensor()模組檢查是否到進紙就緒的位置。
4. 開始列印

甲、使用 PaperFeed() 模組驅動進紙馬達，行進一列後，進紙馬達停止。

乙、使用 PaperHeadMove()模組驅動噴列頭馬達，右、左行進一次後，噴列頭馬達停止動作

丙、使用 CheckSensor()偵測進紙槽是否有紙，若偵測為真，代表仍在列印之中，則重複甲、乙動作。我若偵測為假，代表紙張已列印完畢，則結束列印。

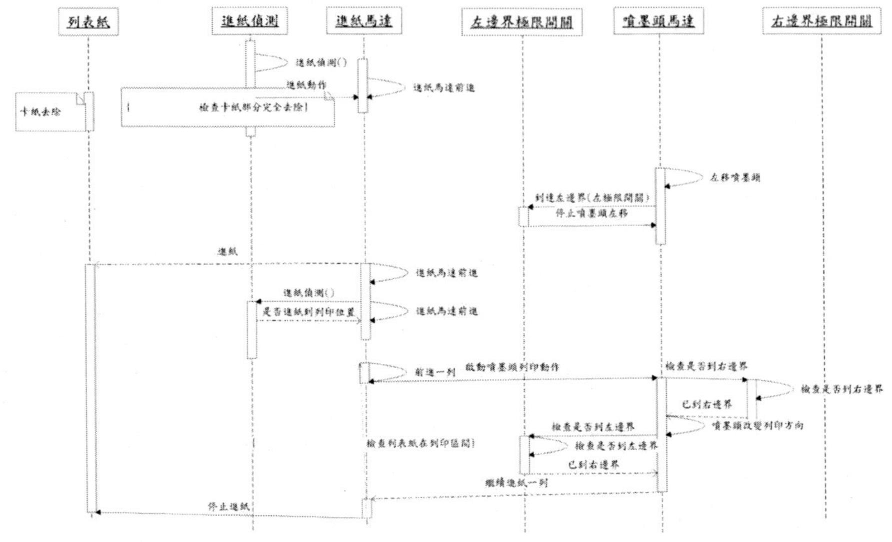

圖 38 列表機列印流程圖

基本上，本實驗使用的噴列列表機 A310，在進紙部份，A310 噴墨列表機底部本身就有進紙偵測光遮斷器，如圖 35(a)所示；接下來，參考表 8 的接腳表，將圖 36 的線路組裝出來。

我們依據上面的線路與需求，攥寫下列程式，並上載到 Arduino 開發版的 Sketch 之中，編譯完成厚，燒入 Arduino 開發版進行測試。

整合進紙偵測機構之列表機實驗測試程式一(printer03)

```
#define motor1a 7
#define motor1b 6
#define motor2a 5
#define motor2b 4
#define leftLedpin 8
#define rightLedpin 9
#define leftSwitchpin 10
#define rightSwitchpin 11
#define Sensorpin 3
int Motor1direction = 1 ;
```

整合進紙偵測機構之列表機實驗測試程式一(printer03)

```
void initall()
{
 // init motor pin as output
    pinMode(motor1a,OUTPUT);
    pinMode(motor1b,OUTPUT);
    pinMode(motor2a,OUTPUT);
    pinMode(motor2b,OUTPUT);
 // init motor direction Led output
    pinMode(leftLedpin,OUTPUT);
    pinMode(rightLedpin,OUTPUT);
 // init motor direction Led output
    pinMode(leftSwitchpin,INPUT);
    pinMode(rightSwitchpin,INPUT);
//-----------
    digitalWrite(leftLedpin,LOW );
    digitalWrite(rightLedpin,LOW );
//------------
 pinMode(Sensorpin,INPUT);
}
 void setup()
 {
    boolean chkflag ;
   initall();
    //init serial for debug
Serial.begin(9600);
Serial.println("program start here ");
CheckPaperJam();    // check paper for paperjam
delay(2000);

 }

 void loop()
 {
   boolean chkflag;

   Serial.println("Paper Heto zero for printing ready ....");
```

整合進紙偵測機構之列表機實驗測試程式一(printer03)

```
 PaperHeadReady();
 Serial.println("Paper Feeding for printing ready ....");
 PaperReady();
 delay(1000);
     chkflag    = CheckSensor() ;

    while(chkflag)
     {
          Serial.println("Paper Feeding ....");
           PaperFeed() ;
          Serial.println("Paper Head Printing ....");
           PaperHeadMove();
           chkflag    = CheckSensor() ;
           delay(500);
     }
 Serial.println("End printing ready ....");
}

void Motor1Stop()
{
  digitalWrite(motor1a,LOW );
  digitalWrite(motor1b,LOW);
}
void Motor2Stop()
{
  digitalWrite(motor2a,LOW );
  digitalWrite(motor2b,LOW);
}

void Motor1Forward()
{
  digitalWrite(motor1a,HIGH);
  digitalWrite(motor1b,LOW);
}
void Motor1Backward()
{
```

整合進紙偵測機構之列表機實驗測試程式一(printer03)

```
    digitalWrite(motor1a,LOW );
    digitalWrite(motor1b,HIGH);
  }


  void Motor2Forward()
  {

    digitalWrite(motor2a,HIGH);
    digitalWrite(motor2b,LOW);
  }
  void Motor2Backward()
  {
    digitalWrite(motor2a,LOW );
    digitalWrite(motor2b,HIGH);
  }

boolean checkLeft()
{
   boolean tmp = false ;
   if (digitalRead(leftSwitchpin) == HIGH)
   {
       digitalWrite(leftLedpin,HIGH );
       tmp = true    ;
   }
   else
   {
       digitalWrite(leftLedpin,LOW );
       tmp = false    ;
   }
   return (tmp) ;
}
boolean checkRight()
{
   boolean tmp = false ;
   if (digitalRead(rightSwitchpin) == HIGH)
```

整合進紙偵測機構之列表機實驗測試程式一(printer03)

```
  {
      digitalWrite(rightLedpin,HIGH );
      tmp = true    ;
  }
  else
  {
      digitalWrite(rightLedpin,LOW );
      tmp = false    ;
  }
  return (tmp) ;
}

boolean CheckSensor()
{
  boolean tmp = false ;
  if (digitalRead(Sensorpin) == HIGH)
  {
      tmp = false    ;
  }
  else
  {
      tmp = true    ;
  }
  return (tmp) ;
}

void CheckPaperJam()
{
    boolean chkflag ;
Serial.println("Paper Jam Checking...");
chkflag    = CheckSensor() ;
      if (CheckSensor())
      {
              // paper is in paper tray , and do feed paper
             while(CheckSensor())
            {
```

整合進紙偵測機構之列表機實驗測試程式一(printer03)

```
            Motor1Forward();
            chkflag    = CheckSensor() ;
            Serial.println("paper feeding....");
        }
    }
    Motor1Stop() ;

}
void PaperFeed()
{
   boolean chkflag ;
//Serial.println("Paper feed for printing...");
Motor1Forward();
  delay(70);
    Motor1Stop() ;

}

void PaperReady()
{
   boolean chkflag ;
//Serial.println("Paper feed for printing...");
chkflag    = CheckSensor() ;
    if (!CheckSensor())
      // paper is in paper tray , and do feed paper
      {
        while(!CheckSensor())
        {
            Motor1Forward();
            chkflag    = CheckSensor() ;
            Serial.println("paper feeding... for printing ready...");
        }
      }
    Motor1Stop() ;

}
```

整合進紙偵測機構之列表機實驗測試程式一(printer03)

```
void PaperHeadReady()
{
    boolean chkflag ;
     chkflag = checkLeft();
    if (!chkflag)
     {
        while (!chkflag)
        {
            Motor2Backward();
          chkflag = checkLeft();
        }
     }
     Motor2Stop();


}

void PaperHeadMove()
{
    boolean chkflag ;
     chkflag = checkRight();
    if (!chkflag)
     {
        while (!chkflag)
        {
            Motor2Forward();
          chkflag = checkRight();
        }
     }

     chkflag = checkLeft();
    if (!chkflag)
     {
        while (!chkflag)
        {
```

整合進紙偵測機構之列表機實驗測試程式一(printer03)

```
            Motor2Backward();
        chkflag = checkLeft();
      }
    }
    Motor2Stop();


}
```

我們可以見到圖 39 所示，本次實驗主要是整合進紙偵測機構的部份，在機器啟動時透過進紙偵測機構偵測是否有紙張卡紙，若有紙張卡紙，則先行啟動進紙馬達，將紙張送出。

在來之後，先啟動進紙馬達，將列印紙進紙到列印區，再來每一次先驅動進紙馬達行進一列，在驅動噴墨頭馬達來回一次，這個動作重複到列印紙進紙離開列印區。

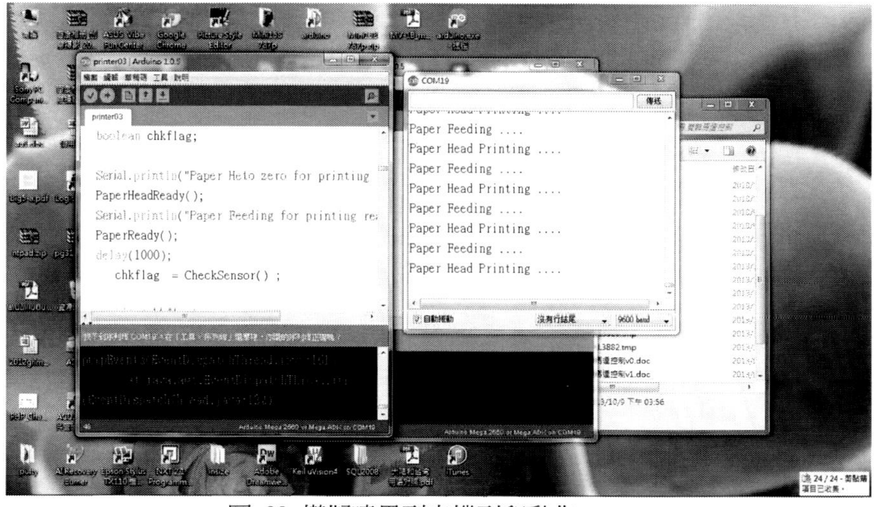

圖 39 模擬噴墨列表機列印動作

最後我們發現一切都按照我們設計的程式流程運行，這個階段的實驗便告一個段落。

章節小結

本書實驗到此，已經將一個具有原有噴墨列表機 A310 原有列印機構構動作的功能完整性的設計出來，相信各位讀者透過以上章節的內容，一定可以一步一步的將列印機構控制器給予實作出來，在實驗當中，想必可以了解到使用最簡單的極限開關(Limit Switch)與光遮斷器(Photo Interrupt)整合 L298 馬達模組，可以實現原有噴墨列表機的印紙動作，並且在實作之中，可以控制其進紙動作，並可以將其噴墨列表機噴墨頭方向控制、左行進、右行進，進紙偵測等方法，應用到更廣的領域，這將是讀者最大的收益。最後本書的內容，到此告一段落，感謝讀者閱讀與指教。筆者不勝感激。

本書總結

到此作者已經介紹讀者完整的列表機馬達驅動，相信讀者可以從本書『Arduino 雙軸直流馬達控制』見到許多與傳統教科書與網路上的範例不同的觀念與整合技術。相信本書在有限的文字，透過噴墨列表機的拆解、重製與延伸設計的手法，讀者可以很深刻的了解到如何將所學到的電子暨資訊技術應用到日常所見的產品研發上，本系列叢書並不是教大家完全創新一個產品，而是透過常見的產品解析、拆解、重製與延伸設計的寫作方式，可以了解目前學習到的技術，是如何應用到開發產品的過程，進而落實所學的技術。

本書忠於『如何轉化眾人技術為我的知識』的概念，一步一步拆解原有噴墨列表機的產品，並沒有重建產品機構，針對其關鍵資訊技術，了解原有產品的運作原理與方法，進而重製控制線路之核心技術，透過簡單易學的 Arduino 單晶片與C語言，重新設計出原有噴墨列表機之控制線路之控制系統，進而改進、加強、升級到商業上應用的層次。如此一來，相信讀者在對原有產品有了解之基礎上，在進行『Arduino 雙軸直流馬達控制』過程之中，可以很有把握的了解自己正在進行什麼，而非針對許多邏輯化的需求進行開發。即使在進行中，許多需求轉化成實體的需求，讀者們仍然可以了解實體需求背後的技術領域，對於學習過程之中，因為實務需求導引著開發過程，讀者可以學習到，邏輯化思考與實務產出如何產生關連，透過產品認知可以更加了解其產品研發的技術領域與資訊技術應用，相信整個往後產品研發中，更有所助益。

參考文獻

Arduino *Arduino official website*. (2013, 2013.7.3).http://www.arduino.cc/

DFRobot *Arduino Motor Shield (L298N)*. (2013, 2013.9.3).http://www.dfrobot.com/wiki/index.php?title=Arduino_Motor_Shield_(L298N)_(SKU:DRI0009)

Atmel Corporation *Atmel Corporation Website*. (2013, 2013.6.17).http://www.atmel.com/

Banzi, M., *Getting Started with arduino*: Make, 2009.

Creative Commons *Creative Commons*. (2013, 2013.7.3).http://en.wikipedia.org/wiki/Creative_Commons

Interaction Design Lab *Fritzing* (2013, 2013.7.22).http://fritzing.org/

SGS-THOMSON Microelectronics *SGS-THOMSON Microelectronics Website(English)*. (2013, 2013.9.3).http://www.st.com/web/en/home.html

Le, H. P., "Progress and trends in ink-jet printing technology," *Journal of Imaging Science and Technology*, vol. 42, pp. 49-62, 1998.

LENOO ELECTRONICS CO., LTD.(聯宇電子股份有限公司) *PHOTO INTERRUPTER*. (2013, 2013.10.7).http://www.lenoo.com/ec99/myyp090083/ShowGoods.asp?category_id=42&parent_id=0

Ben Fry and Casey Reas *Processing*. (2013, 2013.6.17).http://www.processing.org/

Reas, C. and Fry, B., *Processing: a programming handbook for visual designers and artists* vol. 6812: Mit Press, 2007.

Reas, C. and Fry, B., *Getting Started with Processing*: Make, 2010.

Wijshoff, H., *Structure-and fluid-dynamics in piezo inkjet printheads*: University of Twente, 2008.

Arduino 雙軸直流馬達控制

Two Axis DC-Motors Control Based on the Printer by Arduino Technology

作　　者：曹永忠、許智誠、蔡英德
發 行 人：黃振庭
出 版 者：崧燁文化事業有限公司
發 行 者：崧燁文化事業有限公司
E-mail：sonbookservice@gmail.com
粉 絲 頁：https://www.facebook.com/sonbookss/
網　　址：https://sonbook.net/
地　　址：台北市中正區重慶南路一段六十一號八樓 815 室
Rm. 815, 8F., No.61, Sec. 1, Chongqing S. Rd., Zhongzheng Dist., Taipei City 100, Taiwan
電　　話：(02) 2370-3310
傳　　真：(02) 2388-1990
印　　刷：京峯彩色印刷有限公司（京峰數位）
律師顧問：廣華律師事務所 張珮琦律師

定　　價：280 元
發行日期：2022 年 03 月第一版
◎本書以 POD 印製

國家圖書館出版品預行編目資料

Arduino 雙軸直流馬達控制 = Two axis DC-motors control based on the printer by Arduino technology / 曹永忠, 許智誠, 蔡英德著. -- 第一版. -- 臺北市：崧燁文化事業有限公司, 2022.03
　面；　公分
POD 版
ISBN 978-626-332-071-0(平裝)
1.CST: 微電腦 2.CST: 電腦程式語言
471.516　111001385

官網

臉書